知識ゼロから楽しく学べる!

統計

講

はじめに

私たちの身のまわりには，簡単には判断できない問題がたくさんあります。こんなときに力を発揮するのが「統計」です。統計を使うと，たくさんのデータから，ものごとの傾向や特徴を読みとったり，社会全体の情報を推測したりすることができるのです。

統計は，さまざまな調査によってデータを集め，グラフや数値であらわすことからはじまります。さらに，それらが意味するものを正確に読みとることで，物事の合理的な判断が可能になります。統計とはズバリ，意思決定に役立つ最強ツールだといえるでしょう！

本書では，そのような統計のエッセンスを，ニュートン先生の講義を通してやさしく解説します。テストでよく聞く偏差値や，テレビの視聴率，選挙の当確発表，生命保険，世論調査など，身近なテーマが盛りだくさんです。この本を読み終わるころには，社会を読み解く力がきっと身についていることでしょう。ニュートン先生の楽しい統計の講義を，どうぞお楽しみください！

目次

1時間目 社会で活躍する統計

2 時間目

グラフを使って データを分析

3 時間目

もっとくわしく データの特徴をつかもう

4 時間目

限られたデータから全体の特徴を推測しよう

■ 登場人物 ■

ニュートン 先生
科学のさまざまなことを知っているやさしい先生。
ゆうと
勉強はあまり得意ではないけど科学に興味をもつ中学生。

1時間目

社会で活躍する統計

世論調査と生命保険のしくみを知ろう

統計とはいったい何でしょうか？　ここでは，「世論調査」と「生命保険」を題材に，身のまわりで統計がどのように活躍しているのかを紹介しましょう。

先生，「統計」って何ですか?

先生，今日は**統計**について教えてもらいたくてやってきました。「統計は僕たちの生活と密接に関係している」と聞いたことがあります。

でも統計のこと，全然知らなくて……。

数学が全然ダメな僕でも，統計の考え方を身につけることはできるでしょうか？

もちろんです！

統計は，科学や工学，医学などの重要な基盤になっているだけではなく，現代社会でくらしているすべての人にとって，実生活で役に立つ**重要な知識**ですからね。

いいでしょう！　これから，統計の考え方の基礎をお教えしましょう。むずかしい数式を覚えなくても，統計の考え方を身につけることはできるはずですよ。

よかったぁ～。
これからよろしくお願いします。
ではさっそく，そもそも**統計**ってどういうものなんでしょうか？

統計とは，自然界や社会にあらわれる出来事を正しく読み解き，**さまざまな問題を解決するための道具**だといえるでしょう。
統計には，大きく分けて二つの役割があります。
まず一つ目が，身のまわりの現象からデータを集めて，データの意味を一目でわかるように示すことです。
たとえば，受験生におなじみの**「平均値」**や**「偏差値」**などは，どれも統計によってみちびかれたものです。

偏差値……。テストのときにはいつも気になります！

偏差値というのは，自分のテストの点数が，全体でどれくらいに位置しているのかをわかりやすく示した数値です。受験する高校や大学を選ぶ際に便利な数値ですよね。

ふむふむ。
では，もう一つの役割とは，どういうものでしょうか？

統計の二つ目の役割は，一部のデータから，物事の全体像や未知の結果を予測することです。たとえば，**世論調査**では，一部の回答者の意見から，国民全体の意見を予測することができます。選挙の**当確発表**なんかも，統計を活用して出されているんですよ。

そうだったんですね！ 選挙では，開票がはじまった途端に当確発表が出てくることがあって，不思議に思っていたんです！

選挙候補者の当確発表については，4時間目にくわしくお話ししましょうね。

はい，楽しみにしています。

ともかく，**統計を活用すれば，たくさんのデータから物事の傾向や特徴を読み取ったり，社会全体の情報を推測したりすることができるんです。**また，たくさんの企業も，どんなデザインやキャッチフレーズが有効なのかを知るために，統計を活用しています。
統計は「意思決定に役立つツール」だといえるでしょう！

意思決定のツール！
ぜひ手に入れたいものです！

この1時間目ではまず，統計が活躍する身近なテーマとして，**世論調査**と**生命保険**について紹介しましょう。そして，2時間目以降から，**データの読み解き方**についてくわしく見ていきますよ。

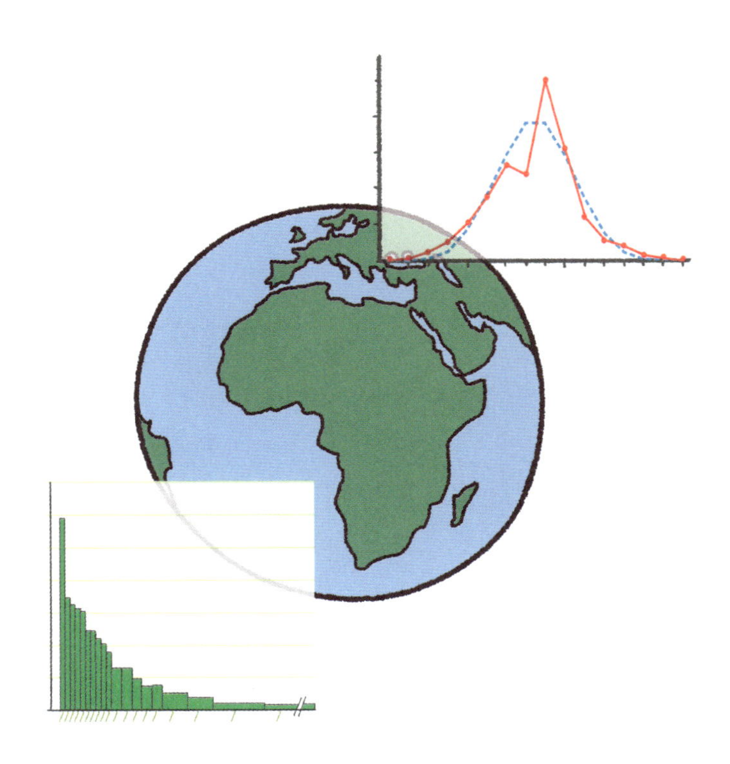

1000人から1億人の考えを予測する「世論調査」

統計が活用されている身近な例として，まず**世論調査**を取り上げましょう。世論調査のくわしい話は，4時間目にもしますよ。

世論調査か……。
ニュースや新聞でよく聞きますね。

はい。とくに，**内閣支持率**を調べた新聞の世論調査の結果などはよく目にされてるかと思います。

つい昨日も，ニュースで内閣支持率が発表されていました。ただ僕，「現内閣を支持していますか～？」なんてことをテレビ局にも新聞社にも聞かれたことがありません。「内閣支持率70%」みたいな数値，いったいどうやって出しているんですか？
ちゃんと全国民に意見を聞いているんでしょうか!?

本当の内閣支持率を知りたいとしたら，たしかに全国民の一人一人に質問をする必要があります。でも，**1億人**をこえる全国民に意見を聞くのはあまりにも非効率的で大変ですから，**そんなことしてませんよ。**

えっ!?
してないの。

実は，**たった1000人くらい**を選んで調査を行えば，全国民の意見を**推測**することができるんです。

どおりで！　僕の家にはいつも質問が来ないなぁと思っていたんですよ。でも，そんなに少ない回答者から全国民の意見を推測するなんてこと，本当にできるんですか？

全国民
100,000,000 人

回答者
1,000 人

はい。全国民から選んだ**1000人の回答者**の意見から，統計を活用することで「真の内閣支持率は95%の可能性で，70% ± 3%の範囲にある」といった具合に，全国民の内閣支持率を推測できるんです。
もちろん，回答者が多ければ多いほど，より精度の高い予測が可能になります。
新聞社やテレビ局が行う調査では，調査人数や調査方法も一緒に説明されているはずですよ。

なぜ，たった1000人に聞くだけで，1億人の意見を推測することができるんでしょうか？

それは，**スプーン1杯で鍋全体のスープの味見をするのと同じことです。**
スープがよくまざっているなら，スプーン1杯の味のバランスと，鍋全体の味のバランスは同じはずですよね。

ふむふむ。

それと同じように，男女比や年齢の比など，**全国民のあらゆる要素の割合が等しい回答者集団**を選びだすことができれば，その回答者集団の意見を聞くことで，全国民の意見を推測することができるわけです。

なるほど。
じゃあ，適当に1000人くらいの回答者を選んで意見を聞けば，1億人の意見が推測できるということですか。**意外と簡単なんですね！**

いいえ，適当に1000人を選ぶのでは**だめ**なんです。**性別や年齢，年収など，全国民とあらゆる要素が同じ構成になるように回答者集団を選ばなければなりません。**ですから，そう簡単ではありませんよ。
そしてこれが，世論調査の**非常に大事なポイント**なんです！

全国民とあらゆる要素が同じ構成の集団かー。性別はまだしも，すべてを全国民の構成と合わせる必要があるなんてめちゃくちゃ大変……。
そんなことできるんですか？

ええ，そういった要素を考慮しながら一人一人選ぶとしたら，それはとても大変で，回答者を選び出すことなんて，できないでしょう。

そうですよね？　じゃあ，世論調査ではいったいどうやって回答者の集団を選び出しているんでしょうか？

実は，性別や年齢など，わざわざ一つ一つの要素を考慮しなくても**回答者集団を選び出す方法**があるんです！

ちゃんとやり方があるんですね。

それは，全国民から**ランダム**に回答者を選ぶ！　という方法です。ランダムに選ぶことによって，全国民の構成により近い回答者集団が選ばれることが期待されるのです。

ランダムか……って，**適当～!?**
その辺を歩いている人に片っ端から意見を聞く，あれですか？　テレビでよくやってる，**街頭アンケート**みたいに。

いやいや，ランダムに選ぶというのは，**実はとてもむずかしいことなんですよ。**
たとえば，テレビの街頭アンケートの場合，ランダムに回答者を選んでいることにはなりません。**時間帯によって街にいる人たちはことなりますから，年齢層などが偏った集団になってしまう可能性があるからです。**

ですから，街頭アンケートは，ランダムに選ばれた回答者集団とはいえず，回答者の意見が全国民の意見を反映しているとはいえません。**街頭アンケートと世論調査とは区別すべきものなんです。**

うーん……，どうすれば回答者をランダムに選ぶことができるんでしょうか？

それには，いくつかの方法があります。
たとえば，全国民に番号を振ります。そして，番号の各けたを０～９の数字をもつ10面サイコロを振って決めて，回答者を選びます。そうすれば，回答者をランダムに選べるんです。

サイコロで！
でも，新聞社やテレビ局は，全国民の情報を知っているわけではないから，それもまたむずかしい気が……。

1. 全国民に番号を振る

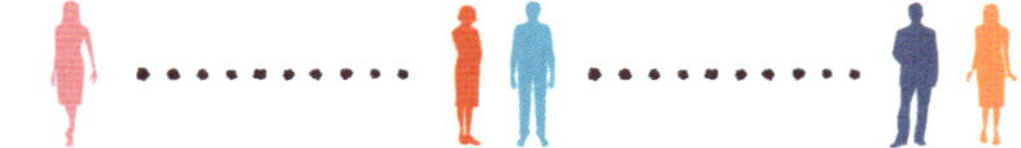

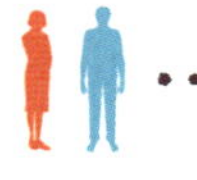

2. 10 面サイコロを振って数字をつくり，回答者を選ぶ

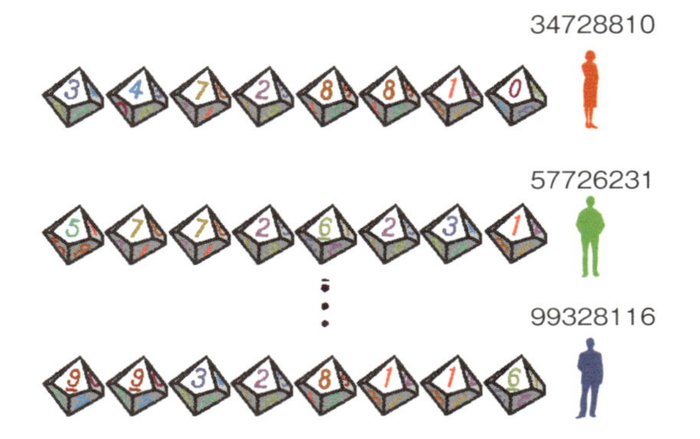

そうなんです。そのために，新聞社などの民間企業が行う方法として，**電話番号**を用いた方法があります。コンピューターでランダムに数字を組み合わせて電話番号をつくり，その番号に電話をかけるんです。そして一般の世帯につながる番号であった場合に調査対象とします。この方法を**ランダム・ディジット・ダイヤリング（RDD）法**といいます。

なるほど。ランダムに調査するためには，いくつか方法があるんですね。

ええ。世論調査では，**「ランダムに選ばれた人に意見を聞く」**という条件を，できる限り厳密に守る必要があるんです。

ＲＤＤ法

1. 電話番号の最初の６けた（局番）から
１万個の番号をランダムに選ぶ
100,000,000 人
2. 電話番号の下４けたの
数字をランダムに選び，
電話番号をつくる
選ばれた局番が
該当する地域
選ばれた電話番号
がつながる建物
電話をかける調査員
1,000 人
3. 電話をかけ，
アンケートを行う

次期大統領の予想を大外しした雑誌出版社

もし，「ランダムに選ばれた人に意見を聞く」という条件を守らないと，どうなるんでしょうか？

その重要性を物語る**面白いエピソード**があります。1936年，アメリカの雑誌『リテラリー・ダイジェスト』は，次期大統領を予測するため，大規模な**アンケート調査**を実施しました。
雑誌の登録者や，電話や自動車をもつ人など1000万人もの人にハガキを出し，共和党候補のランドン氏と民主党候補のルーズベルト氏，どちらに投票するかを聞いたんです。

1000万人にハガキ！

ええ。そして，237万人の回答を元に**「ランドン氏が勝利する」**と雑誌社は予想しました。

ほう！ それで，選挙の結果はどうだったんですか？

大統領選挙の結果はなんと，**民主党のルーズベルト氏が勝利**。全国民と回答者との意見が食いちがってしまったんです。

えーっ！　まさかの大ハズレ!?
1000万人にもアンケートを出したのに？

アンケートの対象になった **「電話や自動車をもつ人」** というのは，当時は **富裕層** に偏っていたんです。回答者をランダムに選ばなかったために，ルーズベルト候補を支持する **庶民の声** を見落としてしまったんですね。
それから，1000万人に対して回答者が237万人と少なかったことも，結果の偏りにつながった可能性があります。

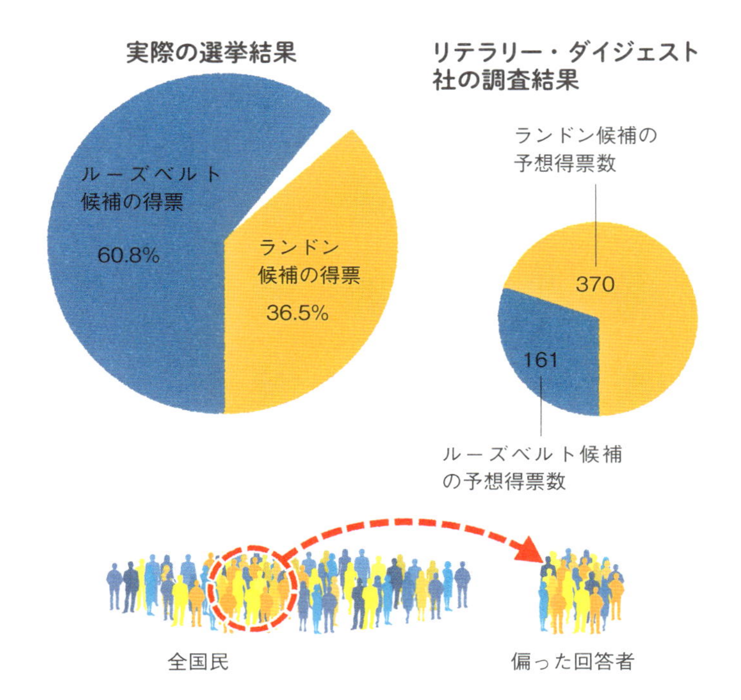

めちゃくちゃ大規模な調査だったのに，結果が誤ったものになってしまった……。
これじゃ調査をやる意味ないですね。

ランダムに回答者を選ばないと，このように全体の意見と回答者の意見が食いちがうことがおこりうるんです。
いかにランダムに回答者を選ぶことが大事か，わかってもらえましたか？

すっごくよくわかりました。
それじゃあ，たとえば電話で行われる世論調査の場合，ランダムに回答者を選べているんですか？

電話が普及している現代の日本では，電話を使った方法でランダムな選別ができていると考えられます。ただし，それでも意見の偏りは生じてしまいます。
次のグラフは，**毎日新聞社**と**産経新聞社**が，政権の支持率を知るために同じ方法で行った世論調査の結果です。

どちらの調査でも，支持率が低下しつづけていますね。

はい。そういった大まかな傾向はどちらの新聞社の結果も同じです。

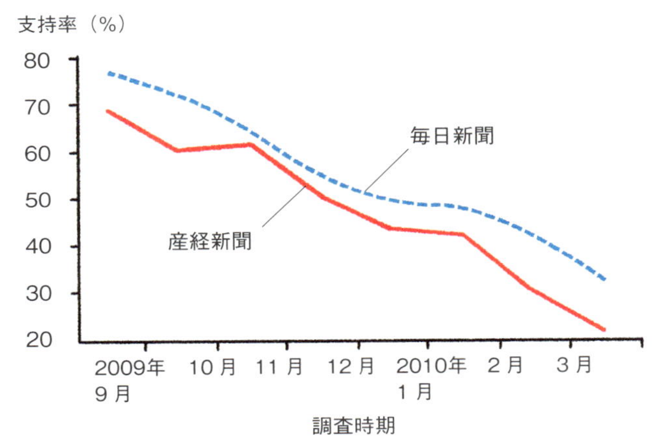

グラフは『入門 実践する統計学』（藪友良著，東洋経済新報社）を元に作成

でも，両社の調査結果には**数パーセントの差**があり，産経新聞社の調査結果のほうが常に低くなっています。

たしかに。

この差は，どちらの新聞社からの電話かによって，調査に応じる人々の構成が変わるために生じたと考えられます。

ランダムに電話をかけたのに？
それだけじゃだめなのか……!?

このようなずれをできるだけ小さくするには，**ランダムに選ばれた回答者のうち，できるだけ多くの人が回答することが重要です。**
「調査の対象に選ばれた人」に占める，「調査に協力して有効な回答を行った人」の割合を，有効回答率といいます。
この有効回答率が高いほど，調査を拒否した人が少なく，回答者が特定の層に偏っている危険性が少ないと考えられます。

ランダムに選ぶだけじゃなく，**有効回答率が高いことも重要なんですね。**

その通りです。極端に有効回答率が低いと，たとえ回答者をランダムに選んでも，有効な調査結果を得ることができません。
一つの目安として，**有効回答率は60%を上まわることが望ましいです。**ただし，近年では，プライバシー意識の高まりなどの理由で，世論調査の有効回答率が全体的に低下している傾向にあります。

通販サイトの評価は，みんなの意見とずれているかも

調査と言えば，インターネットで質問に答えるようなものもありますよね。あれはどうなんですか？

インターネット調査では，みずから進んで協力する人が回答者となるため，回答者が特定の層に偏る可能性があります。
これはインターネット通販のレビューなどにもいえることです。あれも，購入者全体からランダムに回答者を選んでいるわけではないですから，購入者全体の意見を反映しているとはいい切れませんね。

そういえば僕，普段はネット通販を使ってもレビューをつけませんけど，この前不良品が届いたので，星一つをつけました！

◀ そう，そのように，**極端な意見**をもった人ばかりがレビューをすると，購入者全体の意見を反映したものとはとてもいえませんよね。

◀ なるほど。ネット通販のレビューは購入者全体の意見とはことなっている可能性があるわけですね。

◀ はい。ともかく，**インターネット調査**や，**街頭インタビュー**なんかは，ランダムに回答者を選んでいるわけではないので，世論調査とはいえず，結果の解釈には注意が必要です。

◀ 今度からは，調査の方法にも気をつけてニュースや新聞の世論調査を見るようにします。

世論調査とは区別すべきもの

街頭アンケート

インターネット調査

生命保険の始まりは40歳男性の「死亡率」

ここからは，統計が活躍する身近な題材として，**保険**について見ていきましょう。

保険というと，**生命保険**とか**火災保険**，**自動車保険**とかですよね？　そのなかで，統計が活躍……？

統計は，現代の保険に欠かすことができないものです！

統計を使うと，1年間の死亡者や事故の数などを予測できます。**保険会社は，そういった膨大な統計データを元にして，損をしないように保険料を決めているんですよ。**

そうなんですか!?

統計，すごい！

保険はもともと，統計学が誕生する前から存在していました。もし大きな病気にかかったり，事故にあったりすると，大金が必要になります。また，もし若くして死んでしまうと，あとに残された家族の生活が苦しくなります。

このような考えから，何人かでお金を出し合って積み立てておき，不幸があった家族や，病気やけがをした人にまとまったお金を払う取り決めが，世界各地で行われていたんです。

助け合いの精神ですね。

ただし，このしくみには**問題**がありました。取り決めのメンバーに若者と高齢者がまざっていた場合，若者より高齢者のほうが病気になったり死亡したりすることが多いのです。それなのに，出し合うお金が全員同額では**不公平**ですよね。

たしかに。若者にとっては，**損な話**ですね。お金を受け取る可能性の低い**若者は少額**で，可能性の高い**高齢者は高額**にするべきじゃないですか？

その通りです。
でも，いくらずつ払えば世代間で平等になるのかがわかりませんでした。だれもが納得する支払い額の計算方法がなかったんです。

うーん，むずかしいですね。そこからどうやって現代の保険が生まれたんだろう？

そこで，統計の出番です！
現代の保険につながる発見は，17世紀になされました。まず1662年，イギリス人の商人**ジョン・グラント**（1620～1674）が，ロンドンの死亡者数をまとめて発表しました。

さらに，1693年，ハレー彗星に名を残したイギリスの天文学者，**エドモンド・ハレー**（1656～1742）が，ドイツの一地域の死亡記録から，年齢ごとの死亡率の一覧表を作成し，発表したんです。
この死亡率の一覧表を**生命表**といい，保険料を計算する礎となりました。

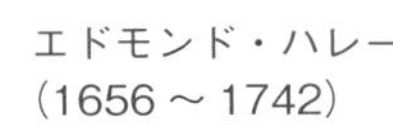

エドモンド・ハレー
（1656～1742）

ハレー彗星と保険！

ハレーの生命表によって，人が年をとるにつれて死亡者数がどれくらい増えるのかを推定できるようになりました。
そして，**生命表を元にして保険料を計算することができるようになったのです。**生命表は，保険会社にとってなくてはならないものなんですよ。

そうだったんですね……。
具体的に，年齢とともに死亡者はどのように増えていくんでしょうか？

次のページのグラフは，生命表を元に，**現代の日本人男性の死亡率**をグラフにしたものです。

おぉ，グラフで見るとよくわかりますね。ところで，**そもそも死亡率って何ですか？**

死亡率とは，ある年齢の集団のうち，特定の年に死亡した人の割合で，死亡者数を生存者数で割って求められます。 たとえば，2015年の30歳の死亡率は，0.058%です。これは，30～31歳の間に死亡した人の数を，30歳の時点の生存者数で割ったものです。

えーっと，1%で100人に1人だから……。0.058%というのは，10万人あたり，**58人**が亡くなったということでしょうか？

その通りです。それから2015年の40歳の死亡率は0.105%です。これは10万人あたり，**105人**が亡くなったということです。

年齢が上がると，死亡率はどんどん上がるんですね。

そうなんです。グラフ全体を見ると，生まれたばかりのころは死亡率がやや高く，そこから7～10歳までは低下しつづけます。そしてその後は年齢を重ねるにつれて上昇していきます。

日本人男性10万人の死亡率のグラフ

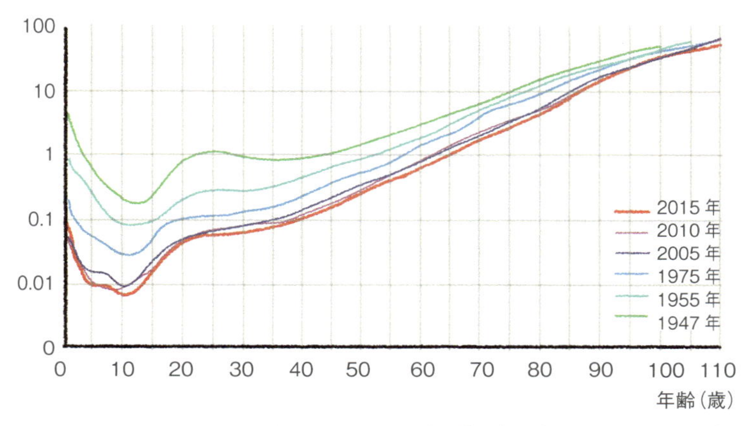

グラフは厚生労働省の「生命表（完全生命表）の概況」（第21回および22回）より作成。

調査した年によって，グラフが少しちがいますね。**毎年少しずつ全体が下がっている？**

はい。これは，この60年でほぼすべての年代で死亡率が低下し，より多くの人が長く生きるようになりつづけていることを意味しています。

なるほど，少しずつ**長生き社会**になっていっているわけですね。

保険会社が加入している**公益社団法人日本アクチュアリー会**や**厚生労働省**が，死亡者数を調査して，生命表は作成されているんですよ。

ここで紹介したのは，国勢調査を元に厚生労働省が作成した**完全生命表**のデータです。
一方，保険会社の保険料の計算には，日本アクチュアリー会が作成した**標準生命表**が利用されます。これは生命保険契約者の死亡統計などからつくられます。

生命保険会社が損をしないのは確率と統計のおかげ！

各年齢の死亡率のデータがどういうものかはわかりました。でも，これが**保険料を決めるのにどのように活用できるんでしょうか？**

それでは，ここからは死亡率のデータからどのように生命保険の保険料が決められるのかを見ていきましょう。
そもそも，生命保険というのは，保険会社が設定した**保険料**を加入者から集めるかわりに，加入者が死亡した際は受取人に**保険金**を支払うしくみをいいます。
保険会社が受け取る保険料の総額と，受取人に支払う保険金の総額の差額が，保険会社の利益になります。
保険料を高くしすぎると加入者が集まらないし，逆に安くしすぎると赤字になってしまいます。

なるほど。最低でも，保険会社が支払う保険金の総額よりも多く，保険加入者から保険料を集める必要があるわけですね。

はい。その通りです。
利益を確保しながら**魅力的な保険商品**をつくるには，保険会社が支払うであろう保険金の総額を**予測**しなければなりません。
そしてその保険金の総額を上まわる保険料を加入者から集めないといけません。
このときに死亡率のデータを元に保険会社が支払う保険金の総額を予測しているのです。

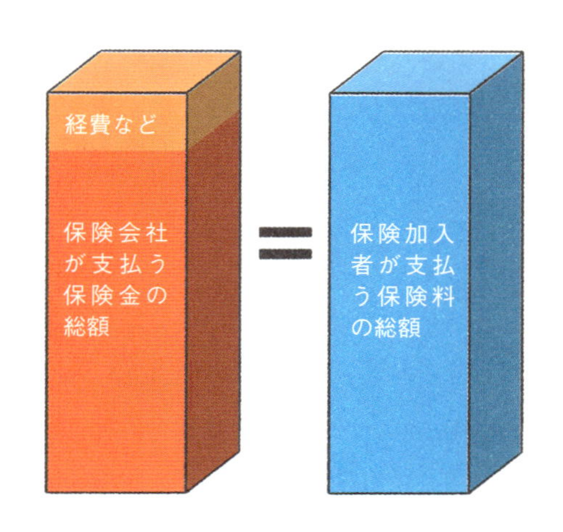

死亡率のデータから，どうすれば保険会社が支払う保険金の総額を計算できるんでしょうか？

では具体的に，１年間の生命保険で保険会社が支払う**保険金**と，加入者が支払う**保険料**について考えてみましょう。

お願いします！

保険にはいくつか種類があります。最も単純なのは，保険料を定期的に支払い，保障期間が終わると，そのまま契約が切れる**「掛け捨て」**の保険です。ほかにも，支払った保険料の一部を貯蓄できる保険や定期的に一部が返金される保険などがあります。
ここでは，わかりやすくするために，**１年間**の保険契約期間内に死亡したら**1000万円**が支払われる，掛け捨てのシンプルな生命保険を考えてみましょう。年齢ごとに**10万人**が加入するとします。

はい。

日本アクチュアリー会では，各保険会社から提供された過去の統計データを元に，**年齢別の1年間の死亡率**を集計し，公表しています。たとえば**20歳の男性**が1年間に亡くなる確率は**0.059％**，**40歳の男性**では**0.118％**，60歳の男性では**0.653％**といった具合です。

ふむふむ。保険会社はそのデータを使うわけですね。

そうです。
このデータを使うと，保険会社が支払う保険金の総額が予測できます。

年齢別に見た日本人男性の1年間の死亡率（2018年）

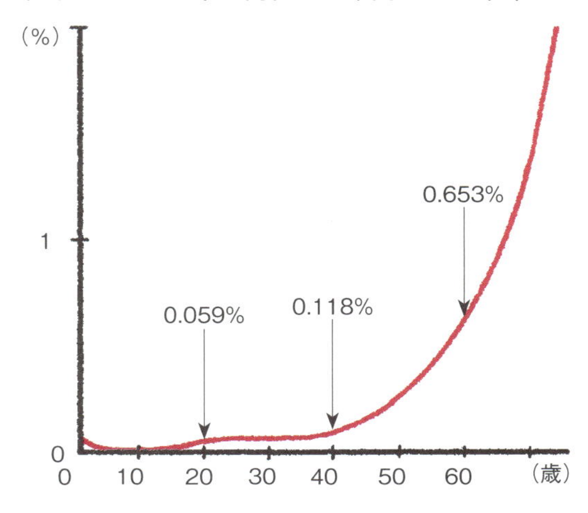

グラフは日本アクチュアリー会の「標準生命表2018」より作成。

たとえば20歳男性の場合は，1年間の死亡率が0.059％なので，**10万人のうち，59人が亡くなる**と予測されます。
はい，**保険会社が支払う保険金の総額はいくらでしょうか？**

えっと，加入者10万人のうち59人が亡くなって，それぞれに1000万円を払うわけですから……単純に**59人×1000万円＝5億9000万円**でしょうか。

正解。金利や保険会社の経費などを除くと，この5億9000万円を加入者10万人で負担することになります。
したがって，一人の加入者が支払うべき保険料は，**5億9000万円÷10万人＝5900円**です。

なるほどー。
保険料って，死亡者の数を予測して，それをベースに決められていたんですね。

その通りです。**死亡率は年齢を重ねるにつれて高くなるので，年齢が上がるほど保険料も上がることになります。**
たとえば，40歳の1年間の死亡率は**0.118%**です。これを元に同じ計算をすると，保険会社が支払う保険金の総額は**11億8000万円**と予測できます。これを10万人で割るので，1人あたりの負担は，**1万1800円**です。さらに60歳の1年間の死亡率は**0.653%**で，保険会社が支払う保険金の総額は**65億3000万円**となります。1人あたりの負担は**6万5300円**です。

うぉっ，60歳の保険料はずいぶん高くなりましたね。

はい。このようにして，**死亡率の上昇とともに，保険料も上がっていくわけです。**
なお，実際には，保険会社の経費なども必要となるため，保険料はもう少し高くなります。

生命保険料のしくみ

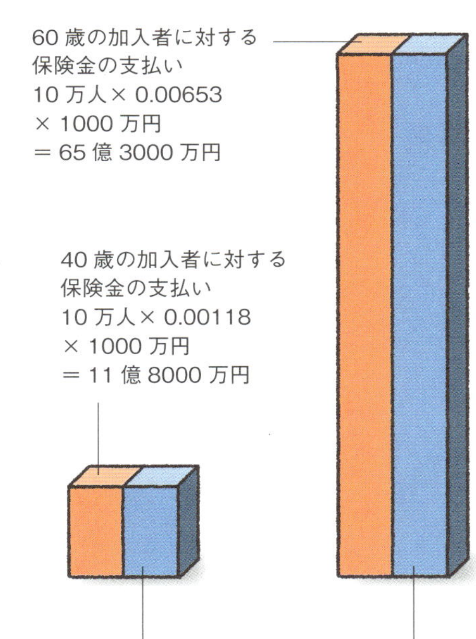

保険料は統計から導きだされている

生命保険以外の保険も，すべて統計を元に決められているんでしょうか？

はい，もちろん。

旅行保険や地震保険，火災保険，自動車保険など，**どれも損害がどれくらいの確率でおきるかについて，統計データの裏付けがあり，それを元に保険商品の設計がなされているのです。**

じゃあたとえば，**地震保険**って，どのように設計されているんですか？

基本的な考え方は生命保険と同じです。過去の統計データを元に保険金を支払うことになる確率を求め，そのリスクをカバーできるように保険料を設定します。

ふむふむ。

地震保険では，都道府県単位で**地震の発生リスク**を評価して，その評価結果を元に，保険料が設定されるしくみになっています。**リスクが高いと評価された地域では，保険料が高くなります。また，建物が木造であるかどうかや，築年数なども考慮されて，最終的な保険料が決まります。**

下のイラストが，日本列島の**地震リスク**を評価したものです。赤色が濃い地域ほど，リスクが高いことをあらわしています。

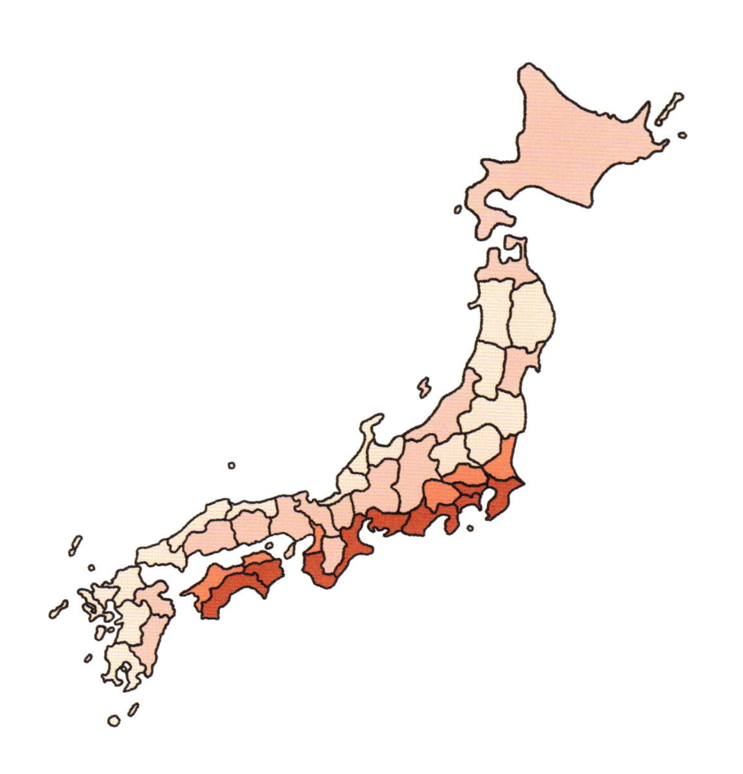

でも地震って**数百年に一度**レベルの巨大なものもありますよね。
東日本大震災なんかも，とても予測できるような被害ではなかったと思うんですけど。

するどいですね。
そうなんです。いくらリスクを見積もっているとはいえ，非常に大規模な地震が発生した場合には，保険会社1社では，保険金を支払うことができなくなる可能性があります。

それじゃあどうするんですか？
加入者は損をするわけですか？

いいえ，そのために，**保険会社が加入する保険**というものがあるんです。外国の保険会社の保険に加入したり，あるいは政府が補償する保険に入ったりする方法があります。

へぇーっ，保険会社も保険に入っているんですね。なんだか面白い！
ところで，最近，父が**ゴールド免許**になったので，自動車保険の保険料がぐっと下がって喜んでいました。**自動車保険**の保険料はどういった要因で決まっているんでしょうか？

ゴールド免許のドライバーは，**事故のリスク**が低いため，保険料が安くなることがあります。逆に**事故歴**があるなど，リスクの高いドライバーは保険料が高くなります。

父は「若いころにくらべると，保険料がずいぶん安くなった」と言っていました。これはなぜなのでしょうか？

◀ 若くて運転の経験が浅いうちは，だれが運転がうまく，だれが事故をおこしやすいのかはわかりません。そのため，免許を取りたての若いドライバーは事故をおこしやすい人とおこしづらい人を区別できないんです。
そのため，**事故をおこしやすい一部の人のリスクが，全初心者ドライバーの保険料に反映されているわけです。**

◀ **なるほど〜。**
それで，しばらく大きな事故をおこさなければ，事故をおこしづらいドライバーだとわかるわけですね。

◀ そうですね。ですから，事故をおこさなければ，保険料が安い自動車保険に入ることができるわけです。
自動車保険は，過去の統計を利用して，どれくらい事故のリスクがあるかを評価して，保険料が決まっているんです。

◀ **やっぱり，統計ってすごいな〜。**
過去の統計を使えば，事故がどれくらいおこるのかを予測できるなんて。

◀ ただ，保険会社が保険金をどれくらい払うのか予測するために，大事な条件が一つあります。
それは，**保険の加入者が十分に多い**ということです。

◀ 一人一人の加入者に対して保険金を支払う状況が発生するかどうかはランダムな現象です。
でも，加入者の数が十分多ければ，結果的に，統計からみちびかれる確率から，実際の事故などの件数が大きく外れることはないでしょう。大きなグループで確率を調べると一定になることを**大数の法則**といいます。保険会社の経営が安定しているのは，この大数の法則のおかげなのです。

2時間目

グラフを使って
データを分析

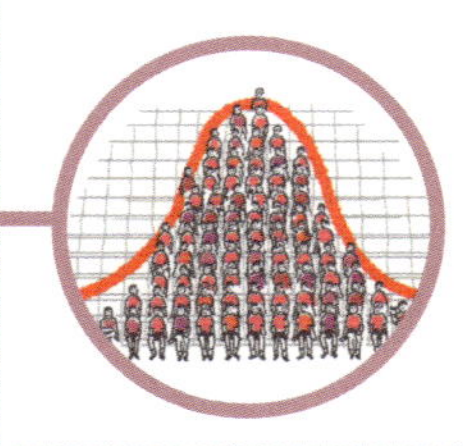

グラフと平均値を習得しよう！

ここからは，統計学の第一歩，グラフや特性値を活用して統計データを分析する方法について見てきましょう。グラフにすることで，社会におきているさまざまな現象の真実が垣間見えてきます。

データを「グラフ化」してみよう

統計学は，膨大なデータを分析し，読み解く学問です。ここからは，調査などで得られたデータの読み解き方について，一歩一歩説明していきましょう。

はい，よろしくお願いします。

1時間目に**生命表**というものが出てきました。

はい，各年齢ごとの死亡率を記録したものですね！

ええ，そうです。次の表は，**2015年の男性の生命表**の一部を抜粋したものです。

第22回　生命表（男）

年齢	生存数	死亡数	生存率	死亡率
0年	100,000	202	0.99798	0.00202
1	99,798	34	0.99966	0.00034
2	99,765	24	0.99976	0.00024
3	99,741	16	0.99984	0.00016
4	99,725	11	0.99988	0.00012
5	99,725	10	0.99988	0.00010
6	99,725	10	0.99988	0.00010
7	99,694	10	0.99990	0.00010
8	99,684	9	0.99991	0.00009
9	99,676	8	0.99992	0.00008
10	99,668	7	0.99993	0.00007
⋮	⋮	⋮	⋮	⋮
102	693	262	0.62229	0.37771
103	431	171	0.60267	0.39733
104	260	108	0.58291	0.41709
105	151	66	0.56303	0.43697
106	85	39	0.54307	0.45693
107	46	22	0.52305	0.47695
108	24	12	0.50301	0.49699
109	12	6	0.48296	0.51704
110	6	3	0.46295	0.53705
111	3	2	0.44302	0.55698
112	1	1	0.42318	0.57682

厚生労働省の「生命表（完全生命表）の概況」（第22回）の一部を抜粋

数字ばっかりで意味がまったくわからない……。

そうなんです。数字の羅列だけでは，なかなかデータの特徴をとらえるのは難しいんです。そこで，**この表の死亡数をグラフにしてみます！**
1947年～2015年の男性の死亡数の推移をグラフにしたのが，こちら！

日本人男性の死亡数の推移

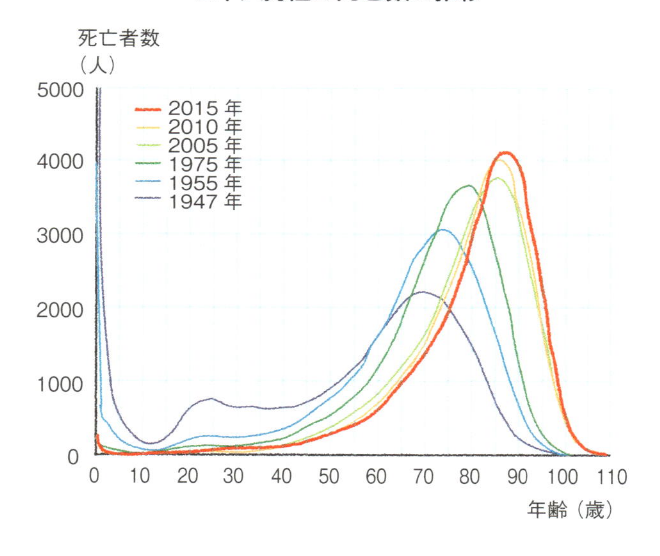

グラフは厚生労働省の「生命表（完全生命表）の概況」（第21回および22回）より作成。

このグラフは，日本人男性の出生者10万人が，年齢別死亡率にしたがって死亡していくとした場合の，**死亡数の推移**をあらわしています。

うぉーっ！ 数字だけを見てもよくわかりませんけど，グラフにすると，すっごくわかりやすいですね。
2015年の死亡数を見ると，70代から急激に増えて，80代後半でピークを迎えるんですね。

そうなんです。**グラフにすると，数字の羅列だけではわからなかった，さまざまなことがわかるようになるんです。**

過去のグラフと最近のグラフを比べると，死亡数の分布がどのように変わってきたのかもわかりますね。

ええ。最も古い1947年のグラフでは，1歳までに5000人以上の男児が死亡しています。12歳前後の死亡数は比較的低いですが，その後はどの年齢でも500人以上が死亡しています。
そして，死亡数のピークは，70歳前後になっています。

昔は幅広い死亡数の分布だったのが，年を追うごとに，**右側にとがったピークがある分布**に変わっていったんですね。

そうです。
これは，**「さまざまな年代の人が多く死亡する社会」から，「多くの人が長生きする社会」に変わったことを示しています。**
1955年，1975年，2005年，2015年と年を追うごとにその変化は進んでいることがわかりますよね。このように，データのグラフ化は，データ分析の第一歩なんです！

物事の変化を知るために，**グラフにするのってすっごく大事なんですね。**

「平均値」の落とし穴

さて，データ分析の第一歩は，データのグラフ化でした。
次の重要なステップは，データの特徴を**「特性値」**とよばれる数値であらわすことです。

とくせいち？
ひゃー，一気にむずかしくなりそう。

そんなことないから，大丈夫ですよ。
たとえば，**平均値**って知っていますよね？

それはもちろん！
小学校で習いました。

その平均値も**特性値の一つですよ。**
最もよく使われる特性値だといえるでしょう。

へぇー，平均値も特性値なんですね。
テストの点数が平均点よりも上まわると親からほめられるんですよ！
まぁ滅多にないんですけど……。

平均っていうのは，データの分布の中心を示す値で，けっこう身近なものですよね。平均値は，「すべての値の合計を，データの個数で割ったもの」で計算できます。
数式であらわすと次のとおりです。

● ポイント

平均値＝

$$\frac{\text{データ1}+\text{データ2}+\cdots\cdots+\text{最後のデータ}}{\text{データの個数}}$$

ちなみに，この計算で求められる平均値を**相加平均**ということもあります。

平均値はこれまで散々使ってきました。

頼もしい！　では実際に計算してみましょう。ここに5人います。所持金はそれぞれ3万円，4万円，5万円，6万円，7万円です。はい，所持金の平均は？

よゆうですよ。$\frac{3+4+5+6+7}{5}=5$。
平均値は**5万円**です！

はい，その通りです。ちょっと簡単すぎましたね。このように，平均値は，データの中心をあらわす指標として非常によく使われます。
ただし！　実は平均値には注意を払わないといけない場合もあります。

な，なんですか？

先ほどの5人に，23万円をもつ人が1人，加わるとしましょう。すると平均値はいくらになりますか？

えっと，$\frac{3+4+5+6+7+23}{6}=8$。
平均値は8万円！

そうなんです。お金持ちが1人加わるだけで一気に8万円に跳ね上がるんです！

ほぉ。6人中5人が平均値を下まわるのか……。なんだか変な感じ。

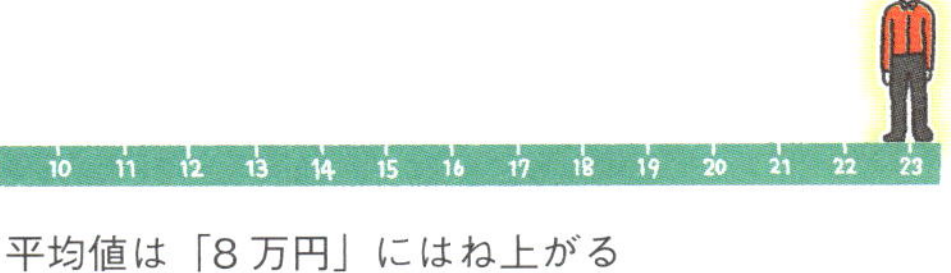

これは，**平均値に，極端な値の影響を受けやすいという性質があるためです。**平均値を見るときには，ここに十分注意する必要があります。

ふむふむ。

たとえば，フィギュアスケートなどの**スポーツ競技**では，複数の審査員が採点をします。**このとき，最高点と最低点を除いた点数の平均点が採用されるんです。**これは，極端な値の影響を受けやすい，という平均値の欠点を踏まえてのことなんです。

そうなんですか？　平均値のやっかいな性質はスポーツ競技でも考慮されていたんですね。

平均貯蓄額が1327万円って本当?

このような平均値のトリックの典型的な例に，**平均貯蓄額**があります。

平均貯蓄額，気になります。
みんなどれくらい貯蓄しているのかな？
3万円くらいかな～？

……。日本の，勤労者を含む2人以上の世帯の2017年の平均貯蓄額は，**「1327万円」**ですよ。

どっひゃー!!　うそだー！
みんなそんなに貯金しているんですか!?　信じられない。うちの両親はつねにお金がないっていってますよ。貯金なんてほとんどできていないはずです。

ふふふ。大多数の人にとって，この平均値は高すぎると感じることでしょう。それは，平均値近辺の人が最も多い，と無意識に判断してしまったためです。でも，平均貯蓄額の実際の分布はそんなことはありません。実際の分布を次のページのグラフで見てみましょう。

なんだ，1200万円以上の人，結構少数派！

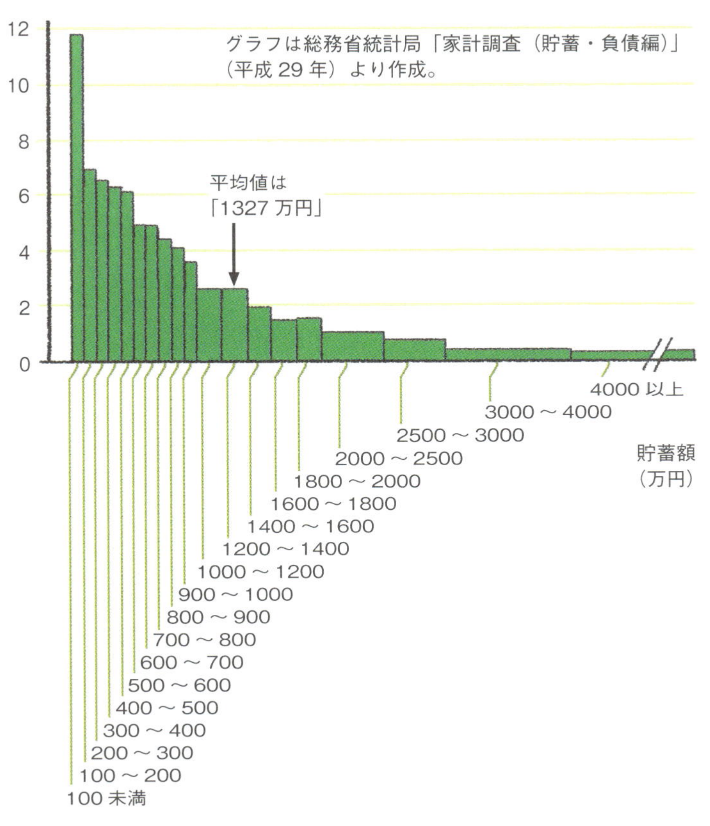

ええ，貯蓄額が1200万円を上まわる世帯は，**実は全体の3分の1ほど**しかありません。高額な貯蓄をもつごく一部の層が，全体の平均値を押し上げてしまっていたんです。

このように，**平均値は，実態とはことなる印象をあたえてしまうことがあるんです。**

焦った～。
こういう場合にも，大多数の人がどれくらい貯蓄しているのか，うまくあらわす方法はないんですか？

ここで，平均値以外の特性値が活躍します。
たとえば，先ほどの貯蓄額の分布では，100万円未満が最も割合が多いですよね。これを**最頻値**といいます。

さいひんち……。
我が家はたぶん最頻値ドンピシャです！
なぁんだー，多数派だ～。

……。
それから，**中央値**という特性値を使う場合もあります。これは，**データを大きさ順に並べたとき，中央に位置する値のことです。**たとえば，5個のデータを小さい順に並べたときの，3番目の値をあらわします。
先ほどの貯蓄額の場合は，**中央値は743万円**となります。

やっぱり平均値よりも低い！

最頻値も**中央値**も，平均値より小さくなりましたね。**この二つの特性値は，極端な値の影響を受けづらい，という特徴をもちます。**

いろいろな分布の特徴をうまく説明するためには，さまざまな特性値をうまく使い分ける必要があるんです。

身長順に並ぶとあらわれる「正規分布」

ここからは統計分析において非常に重要な**正規分布**というものを紹介しましょう。

せいきぶんぷ……？
いったいどんなものなんでしょうか？

たとえば，ある学校の17歳の男子生徒の身長を測ったところ，**平均値は175センチメートル**でした。この生徒たちを，身長が160センチメートル以上162センチメートル未満の生徒，162センチメートル以上164センチメートル未満の生徒…と**2センチメートル**ごとに分け，それぞれ1列に並ばせたとします。すると，次のページのイラストのようになります。

ふむふむ。

166センチメートル未満の生徒は少なく，166センチメートル以上168センチメートル未満の生徒はやや多くなります。

そして身長が高くなるにつれ，人数が増えていき，174センチメートル以上176センチメートル未満の生徒が最も多くなります。
その後は身長が高くなるにつれ人数が減ります。186センチメートル以上の生徒は非常に少ないです。

へぇ，**釣鐘のような形に並ぶんですね。**

◀ そうなんです。これらの列を全体的に見ると，平均値を中心にした左右対称の釣鐘のような形になるんです。
このように，各データが左右対称な釣鐘型に割りふられている分布を「正規分布」といいます。英語でいうとnormal distributionです。正規分布では，平均値，最頻値，中央値がすべて一致して，山の頂点の位置にくることになります。**この正規分布こそ，統計学で最も重要な分布だといえます。**

◀ **なぜこの釣鐘型の正規分布が重要なんですか？**

◀ 正規分布は，身長以外にも，**学校のテストの点数**など，**自然界**や**社会**のさまざまな現象で見られます。さらに，調べたい現象のデータがどんな形の分布をえがいていたとしても，正規分布の知識が利用できます。そのため，たとえば**視聴率の推定**や，**世論調査**，工場での**品質管理**など，さまざまな場面で正規分布が利用されているんです。

◀ **この単純な釣鐘型のグラフ，すごく重要なんですね。**

◀ 正規分布がえがくグラフは**釣鐘**のような形をしていることから，**釣鐘曲線（ベルカーブ）**とよばれることもあります。

正規分布は，フランスの数学者，**アブラーム・ド・モアブル**（1667 ～ 1754）によって発見されました。
また，著名な数学者**カール・フリードリヒ・ガウス**（1777 ～ 1855）は，観測の誤差が正規分布となることに注目し，準惑星「ケレス」の軌道をより正確に計算することに成功しています。
そのような業績などから，正規分布は，**ガウス分布**とよばれることもあります。

正規分布は，天文学にも利用されたんですね！

アブラーム・ド・モアブル
（1667 ～ 1754）

カール・フリードリヒ・ガウス
（1777 ～ 1855）

ピンボールの玉がつくる正規分布

どのようにしたら，正規分布があらわれるのかを少し考えてみましょう。
たとえば，次のイラストのような**ピンボール**を使うと，正規分布をつくりだすことができます。

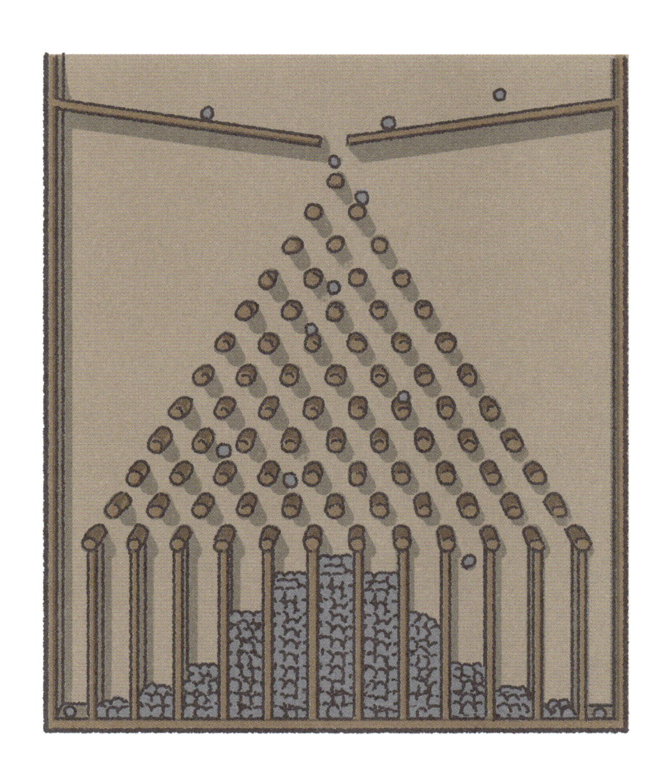

ピンボールの上から玉を入れると，玉はピンにぶつかるたびにランダムに右に行ったり左に行ったりしながら落ちていきます。**そしてたくさんの玉をピンボールに入れると，下にたまっていく玉が，自然に正規分布をえがくんです。**

自然に？　なぜ玉は釣鐘型の正規分布になるんでしょうか？

ピンボールの上から入れた玉がピンにぶつかったときに，**右に行く確率が50％，左に行く確率も50％**だとすると，ピンにぶつかるたびに右にばかり行く玉や，逆に左にばかり行く玉はめったに出ません。そのため，ピンボールの右端や左端には玉があまり集まりません。

両端には玉がたまりづらい。

一方で，**「右右左左右」「右左右左右」**など，右に進む回数と左に進む回数が同じくらいの玉は多くなります。それらは途中の経路がことなっていても，最終的に中央付近のスリットにたどりつきます。

なるほど，だから中央付近に玉が多く集まるのか。

そうです。そしてその結果，**玉は釣鐘型の分布になるんです。**

面白い！
そういうことですか。

ピンボールでは，玉は「右か左か」の二者択一をくりかえしているともいえます。
二者択一の数が多ければ多いほど，その分布は正規分布に近づいていくんです。
今回のピンボールの例でいえば，玉がぶつかるピンの数が多ければ，下にたまる玉の分布が正規分布に近づいてきます。

二者択一のくりかえし……。

ええ，たとえば，**コイン投げ**でも同じようなことがおきます。コイン投げをして出る面は，**表と裏の二者択一**です。
たくさんの枚数のコインを投げたときに表が出る枚数の確率の分布は，正規分布に近づきます。

なぜコイン投げで表の枚数が正規分布になるんでしょうか？

たとえば，**100枚のコイン投げ**を何度もくりかえし行ったとします。

表が出る枚数は，50枚前後のときが最も多いはずです。一方，表ばかりもしくは裏ばかりというケースはほとんどおきないでしょう。
その結果，コインの表の枚数の確率は，次のグラフのように，50枚付近を中心にした釣鐘型の分布になるんです。

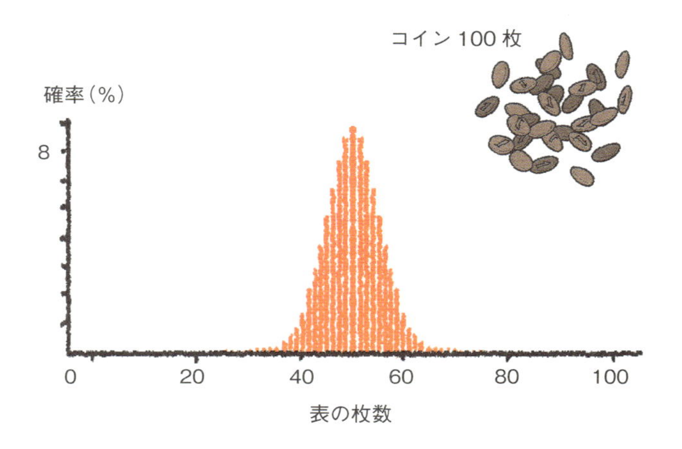

コイン投げ，実験してみよう！

100枚のコイン投げは，けっこう大変かもしれませんが，やってみてください。
ド・モアブルも，もともとは，**二者択一によってできる分布（二項分布）**を研究していて，その過程で正規分布を発見したんですよ。

正規分布を使ってパン屋のうそを見抜いた

正規分布を使ったくわしいデータの分析方法については，3時間目や4時間目で取り上げることにして，ここでは，正規分布の性質を使って，**うそを見抜いた逸話**を紹介しましょう。

正規分布はうそも見抜けるんですか？

はい。
フランスの数学者**アンリ・ポアンカレ**（1854～1912）には，正規分布を使ってパン屋のうそを見抜いたという逸話が残っています。
逸話によれば，ポアンカレは**「1キログラムのパン」**を売るパン屋に通っていました。

アンリ・ポアンカレ
（1854～1912）

1キログラムか。
かなり重いパンですね。

ただこのパンは，厳密に1キログラムであるわけではなく，一つ一つの重さは少しずつことなっていました。
このパンを毎日買っていたポアンカレは，パンの重さを調べることにしました。

なぜそんなことを？

ふふふ。そして1年後，なんとポアンカレは，調べたパンの重さの分布を**グラフにしてみたんです！**

ひいい〜！

すると，**950グラムを頂点にした正規分布**があらわれました。

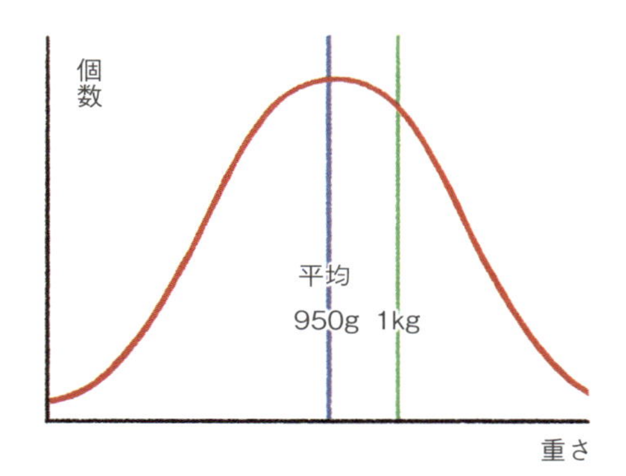

「1キログラムのパン」がウリなのに，頂点が950グラム？　1キログラムじゃないんですか？

そうなんです！ パン屋は，50グラム分をごまかし，950グラムを基準にしてパンを焼いていたんです！

おおーっ，パン屋のうそがバレちゃった！

ええ，このことをポアンカレに指摘されたパン屋は，以前よりも大きなパンをポアンカレにわたすようになりました。
しかしポアンカレはこれで満足せずに，その後も買ったパンの重さをはかりつづけたのです。

疑ぐり深い性格！

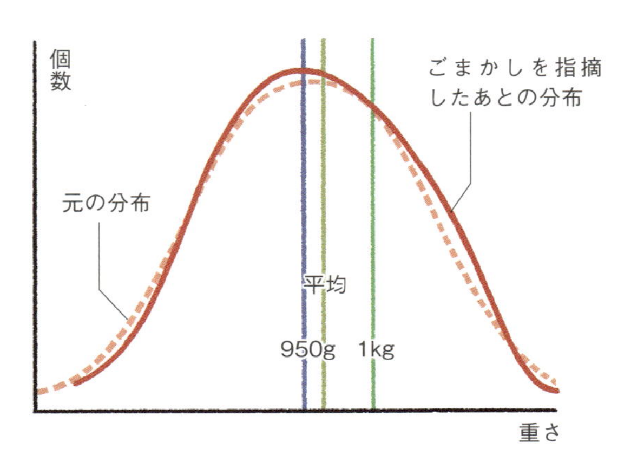

すると案の定，次のようなことが明らかになりました。分布の頂点はあいかわらず**950グラム**で，さらに，左右対称ではなくなっていました。950グラム以下のパンが減っていたんです。

えっ，これはどういうこと!?

ポアンカレはその理由をすぐに見抜きました。パン屋は，1キログラムを基準にパンを焼くようになったわけではありませんでした。950グラムを基準にしたパンを焼きつづけ，ポアンカレが来ると，そのとき店にあるパンのうち，**大きめのものを渡すようにしていただけ**だったんです。

パン屋もなかなかやりますね。

ポアンカレに2度目のごまかしを指摘されたパン屋は**仰天**したといいます。この例のように，ある現象をグラフにえがくと正規分布になるとわかっている場合，グラフの形が正規分布からずれたときに，何か異常がおきたと推測することができます。

なるほど〜。

現在では，製造業の現場などで，部品の品質を調べる際に，正規分布が使われています。**正常に工場が稼働しているときは，部品の大きさや重さを平均すると，パンの重さのように正規分布のグラフがえがけます。**もしグラフが正規分布からずれはじめたら，設備に何か異常がおきていると推測できるんです。

正規分布，すごい！

相撲の八百長が統計データから明らかに

日本でも，統計を使った分析が，大きな波紋をよんだ例があります。アメリカ，シカゴ大学教授の**スティーブン・レヴィット博士**は，1989〜2000年の**大相撲の勝敗データ**から，一部の取組が八百長である可能性を示唆する衝撃的な論文を発表しました。

八百長!?
どちらが勝つかを前もって話し合って決めていたってことですか？

ええ，その可能性があることを統計を使って指摘したんです。レヴィット博士は，場所ごとの力士の**勝敗数**に注目しました。もしすべての力士が同じ実力なら，その勝ち星の数は，次のような曲線（二項分布）をえがきます。

相撲の取り組み結果

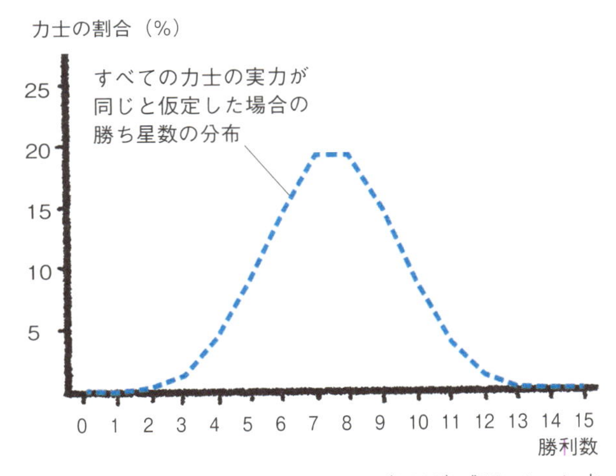

グラフは Duggan, M., Levitt, S.D.（2002）."Winning isn't Everything: Corruption in Sumo Wrestling" を元に作成

山型になるんですね。

はい。7勝8敗や8勝7敗の力士が最も多く，全勝（＝優勝）する力士や，全敗する力士は滅多にいないということです。

ふむふむ。

ところが！　実際の勝敗数を見ると，おおむね二項分布と一致していたものの，7勝8敗の力士が極端に少なく，8勝7敗の力士が極端に多いことがわかりました。

相撲の取り組み結果

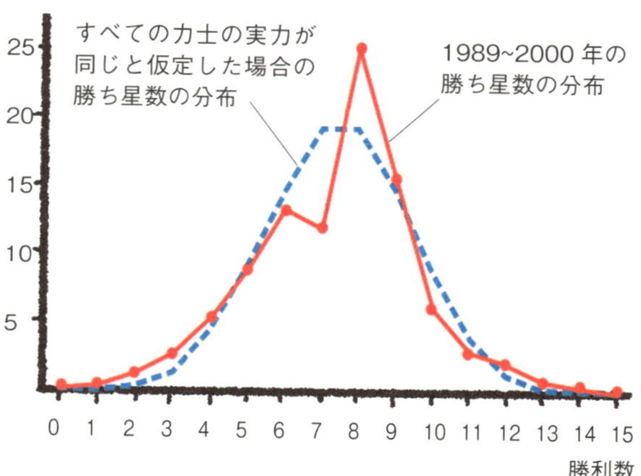

グラフは Duggan, M., Levitt, S.D.（2002）."Winning isn't Everything: Corruption in Sumo Wrestling" を元に作成。

えっ!?　なんでそんなことがおきるんですか？

レヴィット博士はこの結果から，勝ち越しできるかどうかが危うい力士たちの一部が，すでに勝ち越しが決まった力士から勝ちを譲られている可能性を指摘しました。

勝ち越しできるかどうかは，力士にとって，大問題でしょうからね。

ええ。このような分析は，即，八百長の証拠になるわけではありません。番狂わせがつづき，取組結果が二項分布からずれた可能性もあります。しかし，**こうした分析は，異常に気づき，さらにくわしく調査するポイントを見定めるきっかけとして，とても有用なんです。**

統計は，八百長の可能性さえもあばいてしまうんですね。

はい。実際にスポーツにおける正規分布を利用した八百長の分析は，アメリカのプロバスケットボールなどでも行われています。

3時間目

もっとくわしく データの特徴を つかもう

ばらつきを調べて，データを分析！

ここからは，データの特徴をより正確につかむ方法を紹介します。「標準偏差」「偏差値」「相関」について学び，データを分析してみましょう。

「ばらつき具合」を調べてみよう

ここからは，正規分布を使ってデータの特徴をよりくわしく分析していきます！

はい，よろしくお願いします。

60ページの身長の分布をもう一度見てみましょう。最も背が高い人と最も背が低い人の差は，だいたい**30センチメートル**くらいですね。

はい，一番背の低い人が160センチメートルくらいで，一番高い人が190センチメートルくらいです。

ええ。ただし，半分以上の生徒は，平均身長である175センチメートルの前後5センチメートル。

すなわち170～180センチメートルの範囲に集まっています。

平均近くにかなり集中しているわけですね。

このように，**各データがどのように分布しているのか，というのは非常に重要な情報です。**
2時間目で，平均値という特性値について紹介しましたね。平均値は，データの中心をあらわす指標として非常によく使われます。でも平均値だけでは，データがどのような分布をしているのか，その特徴をしっかりつかむことはできません。

えっ，じゃあデータの分布の特徴を知るにはどうすればいいんでしょうか？

そこで重要になるのは，データのばらつきです。

ばらつき？

はい。実は**正規分布の形は，「平均値」と，これから説明する，「ばらつきをあらわす値」の二つだけで決まってしまうんです。**

◀ **平均値とばらつきで，データの分布の仕方がわかる**ということですか？

◀ はい，その通りです。
じゃあ，どうすれば，データのばらつき具合をうまく数値であらわすことができるのか？　それをここから考えてみましょう。
シンプルに考えるために，**ドーナツの重さ**でばらつきを考えてみますね。次のイラストを見てください。ドーナツショップの**A店**と**B店**では，どちらも**平均値が100グラム**のドーナツを製造しています。

◀ A店とB店，ドーナツの重さの**ばらつき具合**が**全然ちがう！**

A店

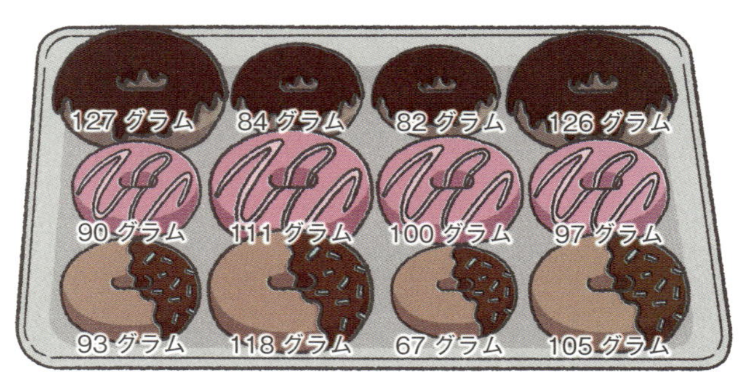

お，なんでそう思いましたか？

B店のドーナツは，平均値の100グラムから，どれもさほど大きくずれていません。でもA店のドーナツは，127グラムであったり，67グラムであったり，平均値から大きくずれているドーナツが多いです。

目のつけどころがいいですね！
その通り。A店のほうがばらつきが大きいんです。今指摘してもらったように，**それぞれのドーナツの重さと平均値とのずれというのは，ばらつきの指標になりそうですよね。**

B店

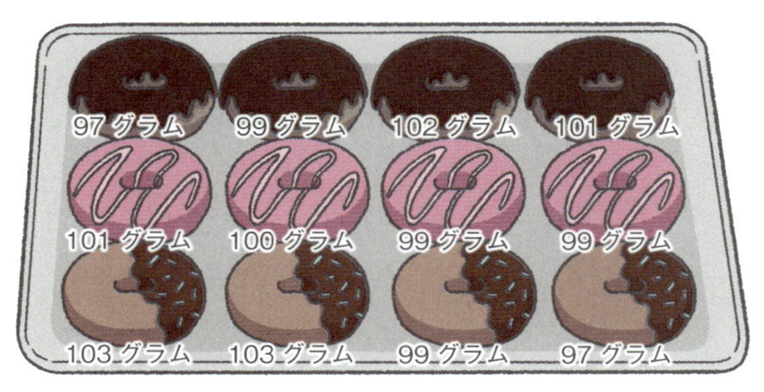

あっ！

平均値からのずれを調べて，それを平均したら，どっちのお店のドーナツのほうが大きくばらついているのか，わかるんじゃないですか？

おー，いいですね！

まず，**平均値と個々のデータとの差を偏差といいます。**

A 店

127 グラム 偏差：27 グラム
84 グラム 偏差：－16 グラム
82 グラム 偏差：－18 グラム
126 グラム 偏差：26 グラム
90 グラム 偏差：－10 グラム
111 グラム 偏差：11 グラム
100 グラム 偏差：0 グラム
97 グラム 偏差：－3 グラム
93 グラム 偏差：－7 グラム
118 グラム 偏差：18 グラム
67 グラム 偏差：－33 グラム
105 グラム 偏差：5 グラム

● ポイント

偏差＝個々のデーター平均値

◀ A店とB店ですべてのドーナツについて**偏差**を求めると，下のイラストの中の数値になります。では，A店とB点でそれぞれ**偏差を平均**してみましょう。

B店

えーっとイラストの偏差をすべて足し合わせると……。
あれっ，A店の偏差を足し合わせると0。B店のほうは……B店の偏差の合計も0だ。
A店もB店も，偏差の合計はゼロ!?

そうなんです。着眼点はよかったんですけど，偏差には，プラスの値もマイナスの値もあるため，**全部足すと結局0**になってしまうんです。だから，単に偏差の平均を求めても，意味のある数値にはなりません。
そこで，**統計学では，ばらつき具合をあらわす指標の一つとして，偏差を2乗してから平均をとった値が使われます。**
これを**分散**といいます。
偏差を2乗することで，必ずプラスの値になるようにしたわけです。

ポイント

$$\text{分散} = \frac{(\text{データ1}-\text{平均})^2+(\text{データ2}-\text{平均})^2+\cdots+(\text{最後のデータ}-\text{平均})^2}{\text{データの個数}}$$

なるほど。合計しても0にならないようにしたわけですね。

はい。A店とB店の分散を計算すると，A店が308.5，B店が3.8となり，A店のほうがばらつきが大きいことがわかります。
このように，分散は，ばらつきをあらわすためによく使われる特性値の一つです。

ぶんさん……。
データのばらつきが大きいほど，分散は大きくなるんですね。計算はめんどうですけど，これでばらつき具合を比較できるわけですか。

はい，そうです。ただし，分散には，平均からのずれ（偏差）を２乗した値を使うため，ややあつかいづらい面があります。
それを補うために，**分散の平方根**がとてもよく利用されます。この値を**標準偏差**といいます。

ポイント

標準偏差 $\sigma = \sqrt{\text{分散}}$

分散をルートにして，２乗を打ち消すイメージです。標準偏差は通常，σ（シグマ）という記号であらわします。

標準偏差は，シグマ！

先ほどのA店とB店の標準偏差を計算すると，A店は$\sqrt{308.5} \fallingdotseq 17.56$です。
一方B店は$\sqrt{3.8} \fallingdotseq 1.96$です。
分散と同じく，値が大きいほど，ばらつき具合が大きいことをあらわします。
標準偏差は，ばらつきの指標として，非常に使い勝手がよく，この本でも最後の4時間目までずっと出てくるので，**ぜひ覚えておいてください。**

は，はい。

ばらつき具合を計算してみよう

計算方法がわかったところで，**平均**，**分散**，**標準偏差**の求め方を復習しておきましょう。

が，がんばります。

まず，平均，分散，標準偏差の**計算式**は次の通りでしたね。

そうでしたね。
メモメモ。

● ポイント

$$平均 = \frac{データの値の合計}{データの個数}$$

$$分散 = \frac{(データ1-平均)^2+(データ2-平均)^2+\cdots+(最後のデータ-平均)^2}{データの個数}$$

$$標準偏差\ \sigma = \sqrt{分散}$$

分散は，各データについて，平均値との差を計算し（偏差），それぞれ2乗して足し合わせたうえで，データの個数で割ることで求めます。
つまり，**「分散は偏差の２乗の平均値」です。**
そして，「標準偏差は分散の値の平方根」です。

うーん……，**ややこしい！**

実際に計算をして，慣れていきましょう！
ここに**5個のサイコロ**があります。これを投げると，１～５まで1個ずつ目が出ました。では，このとき出た目の**平均**，**分散**，**標準偏差**はいくらになるでしょうか？

1～5が1個ずつ出た場合

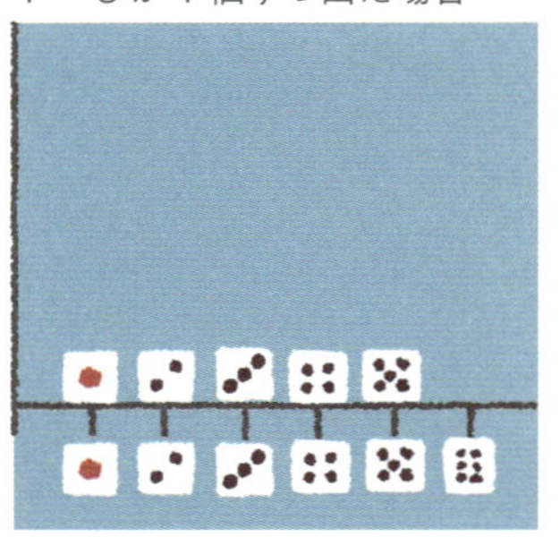

えーっと，平均値はすべてを足して，個数で割るから……。

$$(1+2+3+4+5) \div 5 = 3$$

はい，**平均値は3です！**

OK！
では，分散はどうなりますか？

えっと，87ページの式にしたがうと……。

$$\{(1-3)^2+(2-3)^2+(3-3)^2+(4-3)^2+(5-3)^2\} \div 5 = 2$$

分散は，2です！
そして，標準偏差は分散にルートをつけるだけなので，**標準偏差は，$\sqrt{2}$。**

GOOD！
では，同じように，
①3が5個出た場合
②1が2個，3が1個，5が2個出た場合
の二つの場合で，平均と分散，標準偏差を求めてみてください。

ひーっ，計算が大変そう。

がんばって！

や，やってみます。
まず①3が5個の場合です。

3が5個出た場合

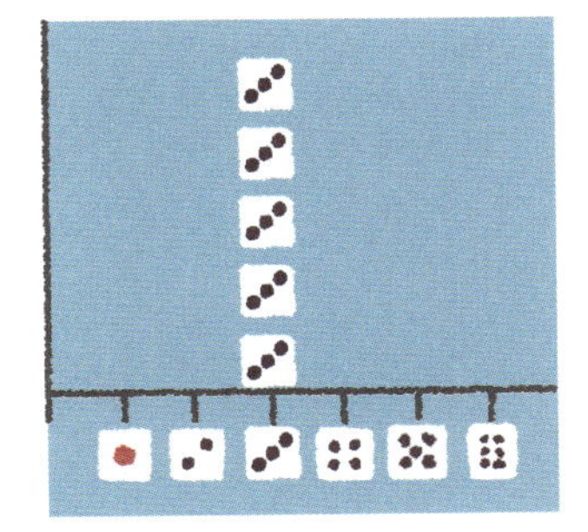

平均：$(3+3+3+3+3)\div 5=3$

分散：$\{(3-3)^2+(3-3)^2+(3-3)^2+(3-3)^2+(3-3)^2\}\div 5=0$

標準偏差：$\sqrt{0}=0$

できた！ 3が5個出た場合は，平均＝3，分散＝0，標準偏差＝0です。

すばらしい！

正解です！

よっしゃー！

5個のサイコロが全部同じ目で，ばらつきがないときは，分散や標準偏差は0になるんですね。

じゃあ次は②1が2個，3が1個，5が2個出た場合ですね。えーっと……。

1が2個，3が1個，5が2個出た場合

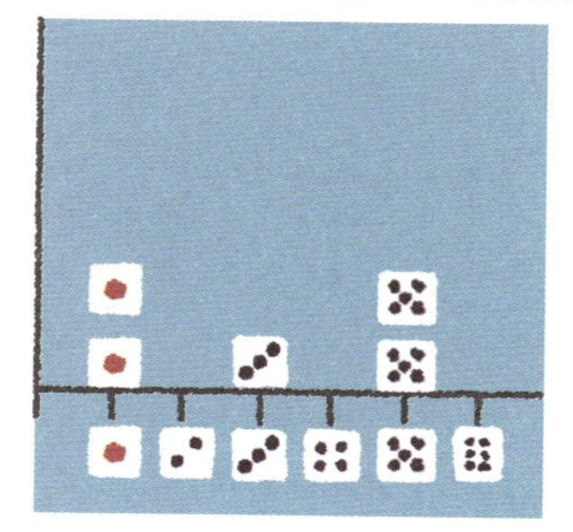

平均：（1 ＋ 1 ＋ 3 ＋ 5 ＋ 5） ÷ 5 ＝ 3

分散：｛(1 － 3)² ＋ (1 － 3)² ＋ (3 － 3)² ＋ (5 － 3)² ＋ (5 － 3)²)｝÷ 5 ＝ 3.2

標準偏差：$\sqrt{3.2}$

できました！
平均＝3，分散＝3.2，標準偏差＝$\sqrt{3.2}$です。

はい，正解！

よっし！
分散も標準偏差も計算マスターしました！
どんとこい！

これらの結果を，次のページにまとめました。サイコロの出目の平均は，いずれも同じ3です。しかし，分散と標準偏差はちがっていますよね。**分散と標準偏差は，平均値からはなれたデータが多いほど大きくなるんです。**

本当だ。
この数値を見れば，ばらつき具合が大きいのか，小さいのか，判断できそうですね。

1～5が1個ずつ出た場合

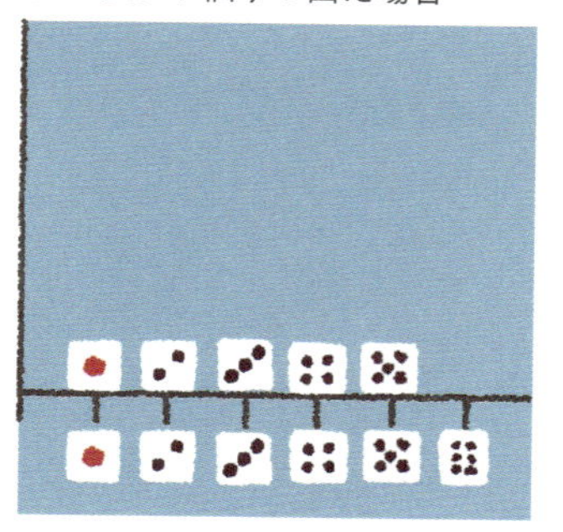

平均＝3
分散＝2
標準偏差＝$\sqrt{2}$ ≒ 1.4

3が5個出た場合

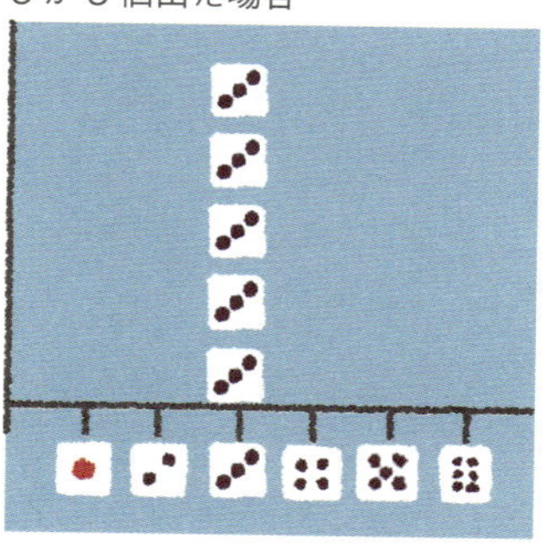

平均＝3
分散＝0
標準偏差＝0

1が2個，3が1個，5が2個出た場合

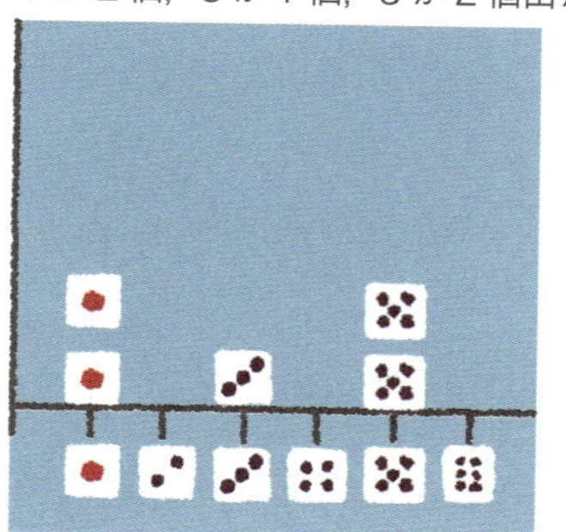

平均＝3
分散＝3.2
標準偏差＝$\sqrt{3.2}$ ≒ 1.8

平均と標準偏差で正規分布が決まる

それじゃあ，ここからは，ばらつきをあらわす標準偏差がいかに**便利**なものなのかを説明しましょう。

はい，計算の方法はわかりましたけど，標準偏差が何なのか，どう役に立つのか，まださっぱりわかりません。

標準偏差は，データを分析するうえで非常に便利なものです。というのも，**正規分布の場合，その形は平均値と標準偏差の二つの特性値だけで決まるからです。**
たとえば，標準偏差が小さいと，大多数のデータが平均値のまわりに集中することになり，**幅のせまい分布**になります。逆に，標準偏差が大きいときは，**幅広い分布**になります。
次のグラフは，標準偏差や平均値を変えたとき，正規分布がどう変わるのかをあらわしたものです。

ほお。標準偏差が大きくなるほど，データがばらけて，グラフがなだらかになるんですね。

はい。その通りです。
そして，平均値が変化すれば，それに合わせてグラフの位置は左右に移動します。

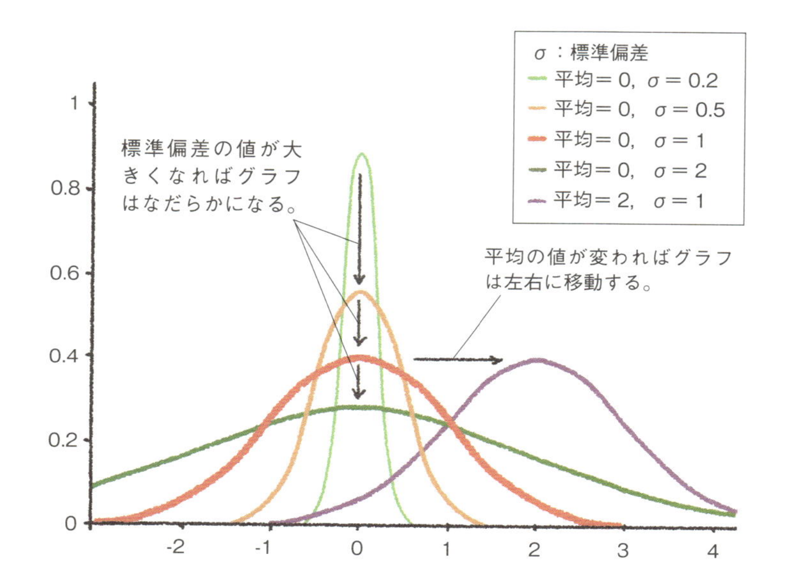

ポイント

正規分布の場合
標準偏差が小さい→幅のせまい分布
標準偏差が大きい→幅広い分布

そして，データが正規分布の場合，標準偏差にはさらに便利な特徴があるんです！

さらに便利な特徴？
どういう特徴でしょうか？

なんと，**ある範囲に含まれるデータの割合がどの程度なのか，標準偏差を基準にして求めることができるんです！**

う，うーん？
ちょっと，ついていけていません。

たとえば正規分布では，平均値の前後，標準偏差1個分の範囲に約68%のデータが集まっているんです。
つまり，**全データの約68%が「平均値±標準偏差1個」の範囲に含まれることになります。**

半分以上のデータが平均値±標準偏差の範囲にくるんですね！

同じように，「平均値±標準偏差の2個分」の範囲には，約95%のデータが集まっています。
これを図にあらわすと，次のようになります。

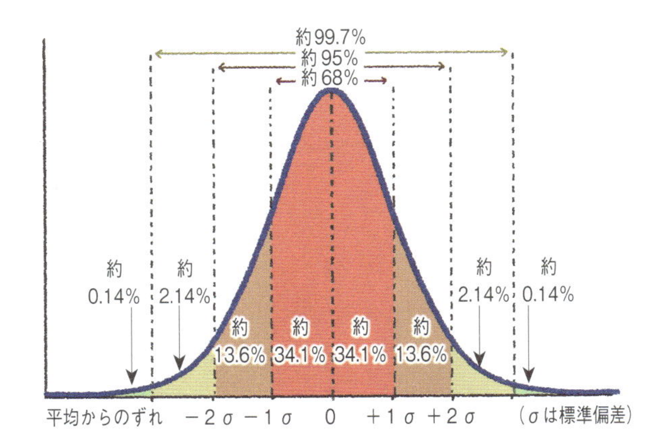

● ポイント

正規分布の場合
平均値の前後，標準偏差１個分の範囲に，約68%のデータが集まる。
平均値の前後，標準偏差２個分の範囲に，約95%のデータが集まる。

ほぉー！　標準偏差と平均値がわかってしまえば，データがどの範囲にどれくらい含まれているのかがわかってしまうわけですか!?

そうなんです！　たとえば，あるクラスの身長が平均170センチメートル，標準偏差6センチメートルだったとします。すると，**生徒たちを並ばせたりしなくても，そのクラスの生徒たちの約68%は身長164～176センチメートルの範囲だとわかるんです。**

標準偏差ってすごい！
便利！

フッフッフッ。
標準偏差は，平均値と組み合わせることで，正規分布の全体像を推測できる便利な値なんです！

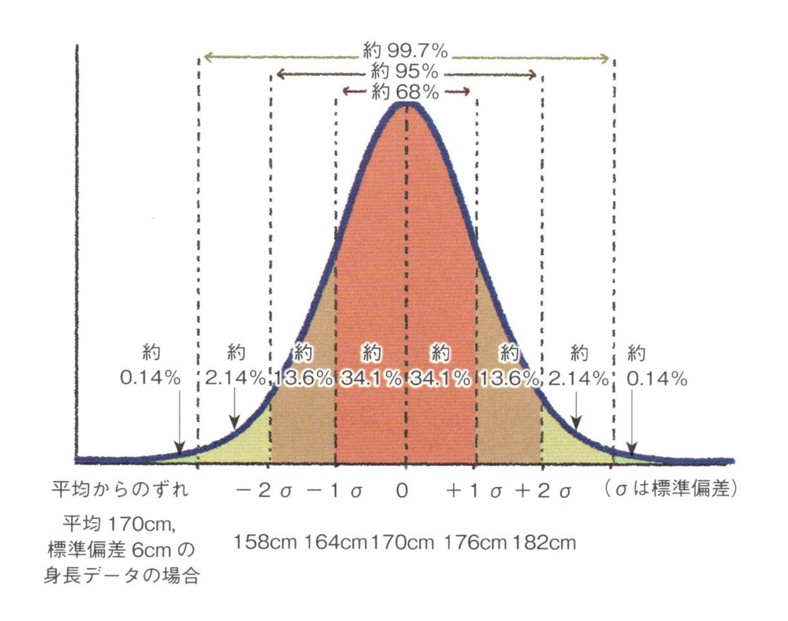

なお，正規分布以外の分布でも，標準偏差はばらつきをあらわす目安として利用できます。しかし，「平均の前後，標準偏差1個分の範囲に，約68%のデータが集まっている」というような正規分布の特徴は成り立ちません。

テストにつきもの「偏差値」って何？

標準偏差が理解できたら，いよいよ**偏差値**の登場です。

偏差値かー……。テストのときにいつも発表されるあいつか。いつもだいたい50くらいなんですが，そもそも偏差値って何なんですか？　テストの点が高いほど，偏差値が高くなるのはわかるのですが……。

偏差値はテストの成績などと切っても切れない関係にありますよね。**偏差値というのは，正規分布の考え方を利用して，成績を基準化した数値です。**

成績の基準化？

はい。自分の点数が全体でどれくらいの**位置**にあるのかを示すものです。言葉だけではむずかしいと思いますので，具体例を元に考えてみましょう。たとえば，テストで**75点**をとったとします。テストの点数は正規分布にしたがうとして，**平均が65点**，**標準偏差が5点**だったとします。

平均点を上まわってる！

75点は，平均から**標準偏差2個分**（5点×2＝10点）上まわっていることになります。ここで正規分布と標準偏差の関係を改めてながめてみましょう。

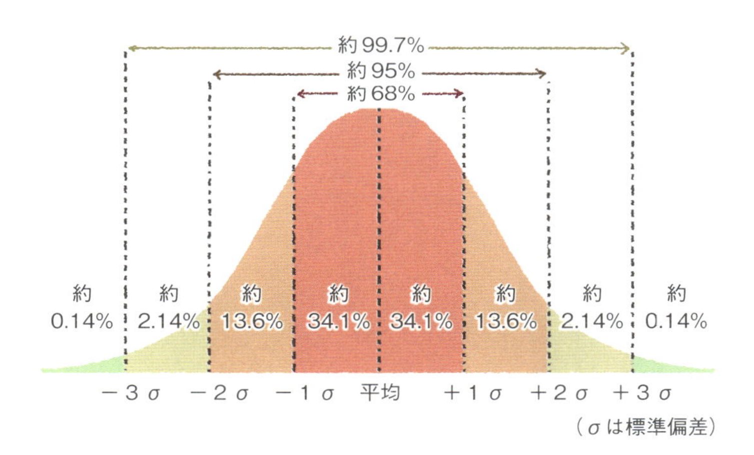

正規分布の性質から，平均点を標準偏差2個分上まわっているということは，全体の**上位2.3%**に位置することになります。
75点は非常によい成績だということがわかりますね。このように，**受験者一人一人の成績が，全体のどのあたりに位置するのかをわかるようにした値が偏差値なのです。**

ふむ。

具体的には，まず，偏差値50を基準にします。そして，**テストの点数が平均点を標準偏差1個分上まわるごとに10を加え，1個分下まわるごとに10を減らします。**
たとえば，先ほどのテストの75点は，平均点を2個分上まわっているので，偏差値は2×10＋50＝70ということになります。

たとえば，このテストで60点をとった場合，平均点の65点から標準偏差1個分（5点）下まわるわけなので，－1×10＋50で，偏差値40ということでしょうか？

飲み込みがはやい！　その通りです！
つまり，偏差値は次の式で求められます。

ポイント

$$偏差値 = \frac{点数 - 平均}{標準偏差} \times 10 + 50$$

各偏差値の値が全体のどれくらいに位置するのかを示したのが，次のグラフです。
偏差値40（-1σ）から偏差値60（$+1\sigma$）の範囲に，全データの68%が含まれることになります。

偏差値を使えば，平均点や標準偏差がことなるテストでも，**自分の点数が相対的にどこに位置するのかを比較できるわけです。**

ふぅむ。偏差値のこと，なんとなく理解できました。

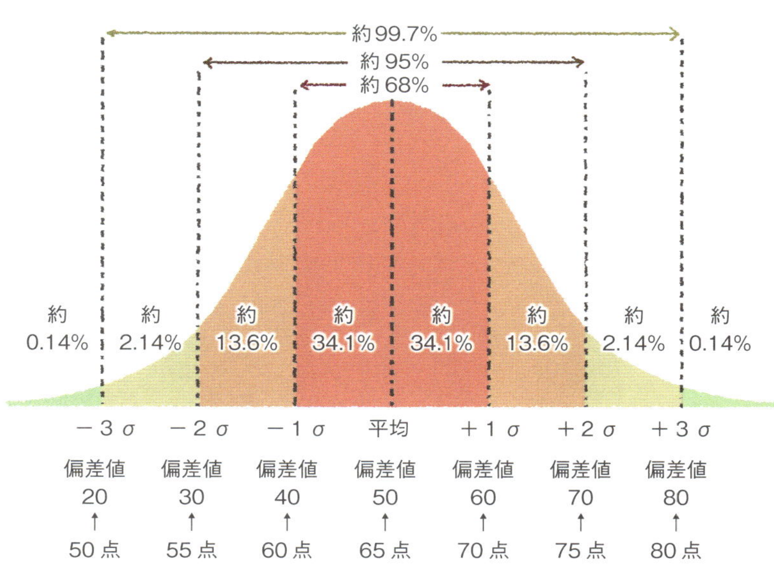

「平均点65点・標準偏差5」のテストの点数

偏差値を計算してみよう！

じゃあ実際に，100人のテスト結果から，**全員分の偏差値**をどのように求めるのかを見てみましょう。

100人分！ 計算めちゃくちゃ大変そう。

次の表は，100人のテスト結果を低い方から**一覧**にしたものです。

表1. 100人のテスト結果

20	21	25	26	28	31	31	34	36	37
37	38	39	41	41	42	43	44	45	45
47	48	48	49	49	49	50	50	51	51
52	52	53	54	54	55	55	55	56	57
57	58	58	59	59	59	60	60	60	60
60	61	61	61	62	62	62	63	64	64
65	65	65	66	66	67	68	68	68	69
69	69	70	70	71	71	71	72	74	74
74	75	76	77	78	78	79	80	80	81
83	83	84	86	87	89	92	94	97	100

ここから全員分の偏差値を求めるわけか。
まず，何をすればいいんでしょうか？

最初のステップは，**平均点**を求めることです。まず，全員の得点を合計して人数で割りましょう。

$$平均点 = \frac{20 + 21 + 25 + \cdots\cdots + 100}{100} = 60$$

まずは，平均っと。**平均点は60点**ですね。

次に，各個人の点数から，平均点60点を引いて，各個人の**点数と平均点との差（偏差）**を求めておきましょう。そして，これを元に**分散**と**標準偏差**を求めます。

分散も標準偏差も求め方わすれちゃいました。

まず，**分散**は，各個人の点数と平均点との差（偏差）を2乗して，すべて足し合わせ，それを人数で割ったものでしたね。表2の値を使うと……

表 2. 各個人の点数と平均点との差

-40	-39	-35	-34	-32	-29	-29	-26	-24	-23
-23	-22	-21	-19	-19	-18	-17	-16	-15	-15
-13	-12	-12	-11	-11	-11	-10	-10	-9	-9
-8	-8	-7	-6	-6	-5	-5	-5	-4	-3
-3	-2	-2	-1	-1	-1	0	0	0	0
0	+1	+1	+1	+2	+2	+2	+3	+4	+4
+5	+5	+5	+6	+6	+7	+8	+8	+8	+9
+9	+9	+10	+10	+11	+11	+11	+12	+14	+14
+14	+15	+16	+17	+18	+18	+19	+20	+20	+21
+23	+23	+24	+26	+27	+29	+32	+34	+37	+40

$$分散 = \frac{(-40)^2 + (-39)^2 + \cdots\cdots + 40^2}{100} \fallingdotseq 290.7$$

ということで……，分散は **290.7** です。

あ，そういえば，**標準偏差**は，分散にルートをつけたものだったような？

正解！

$$標準偏差 = \sqrt{290.7} \fallingdotseq 17.0$$

というわけで，標準偏差は17.0。つまり，今回のテストの結果は，**平均点60点，標準偏差約17.0の正規分布にしたがっている**とみなせるわけです！

うぅむ。ここまでの操作によって，今回のデータがどんな分布をしているのかがつかめたというわけですね。

はい，その通りです。ここからいよいよ**偏差値**を求めていきましょう！
おさらいですが，偏差値は，$\frac{点数-平均}{標準偏差} \times 10 + 50$で求められます。

えーっと，「点数－平均」は，表2で求めたものですね。それから，標準偏差は17.0だから……。表2の値を17.0で割って10をかけ，そこに50を足せばよいのでしょうか？

はい，その通りです！
これを計算すると次の表3のようになります。

表 3. 求められた偏差値

26.5	27.1	29.4	30.0	31.2	32.9	32.9	34.7	35.9	36.5
36.5	37.1	37.6	38.8	38.8	39.4	40.0	40.6	41.2	41.2
42.4	42.9	42.9	43.5	43.5	43.5	44.1	44.1	44.7	44.7
45.3	45.3	45.9	46.5	46.5	47.1	47.1	47.1	47.6	48.2
48.2	48.8	48.8	49.4	49.4	49.4	50.0	50.0	50.0	50.0
50.0	50.6	50.6	50.6	51.2	51.2	51.2	51.8	52.4	52.4
52.9	52.9	52.9	53.5	53.5	54.1	54.7	54.7	54.7	55.3
55.3	55.3	55.9	55.9	56.5	56.5	56.5	57.1	58.2	58.2
58.2	58.8	59.4	60.0	60.6	60.6	61.2	61.8	61.8	62.4
63.5	63.5	64.1	65.3	65.9	67.1	68.8	70.0	71.8	73.5

最低点の20点の人は，平均よりも40点低くて，**偏差値26.5**か。平均点と同じ60点の人は**偏差値50**。そして最高点の100点の人は，平均よりも40点高くて，**偏差値73.5**になるんですね。

そうですね。
今回やったような計算を一つ一つ行うのは大変なので，実際には**表計算ソフト**などが使われています。それから，**テストによっては，結果が正規分布にならず，偏差値を求めても先ほどのような割合にはならない場合もあるので注意が必要です。**

とくに極端な分布の場合，偏差値がマイナスになったり，100を超えたりすることも計算上ありえます。偏差値には上限も下限もないのです。ただし，現実のテストでは，最高でも偏差値80程度におさまることがほとんどです。

データの関係をあらわす「相関」

ここからは，少し話を変えて，二つのデータの関係についてお話ししましょう。

関係？

はい。統計は，二つのデータの関係を知りたい場合にも非常に役に立つんです。
たとえば，所得と平均寿命，天候と農作物収穫量などなど……。それらのデータをとり，検証してみると，いろいろなことが見えてくるんですよ。

所得と平均寿命の関係……。

たとえば，次のページのグラフは，2012年の**「一人あたりの所得」**と**「平均寿命」**との関係を，国や地域ごとにまとめたものです。

所得と平均寿命で見る世界の国々

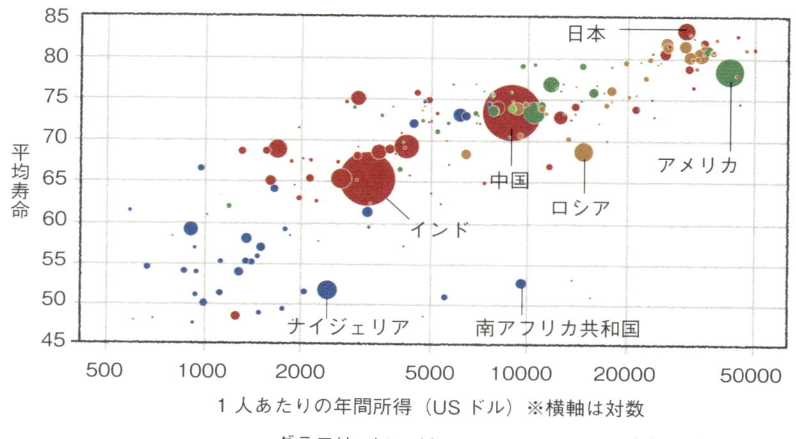

グラフは，http://www.gapminder.org/ を元に作成

横軸は**一人あたりの所得**を，縦軸は**平均寿命**です。そして円の面積は，各国・地域の**人口**をあらわしています。
じっくりこのグラフを見ると，所得と平均寿命に，**ある関係**が見えてきませんか？

じーっ……。
うーん，なんとなく右肩上がりに並んで分布しているな……。これは，一人あたりの年間所得が高いほど平均寿命が長い，ということでしょうか？

そうなんです。このグラフを見ると，一人あたりの所得が高い国や地域ほど平均寿命が長くなる傾向があることがわかります。このように，**二つの量について，一方の量が増えたとき，もう一方の量が直線的に変化する関係にあるとき，二つの量に「相関がある」といいます。**

そうかん……。今回の場合，**一人あたりの年間所得と，平均寿命に相関がある**ということになるんでしょうか？

はい，その通りです。

いったいなぜ，年間所得と平均寿命に**相関**があるんだろう？

一般的に，一人あたりの所得が大きいほど生活が豊かになり，国の所得も増えて，治安維持や医療制度に投資されるため，平均寿命が長くなると考えられています。

なるほど〜。
グラフにするといろいろ見えてくるんですね。

そうなんです！　ここで示したような二つのデータの関係をあらわしたグラフを**散布図**とよびます。

ただ，一つ一つの国と地域を見ると，必ずしもそうとはいえないものもありますね。
たとえば，中国と南アフリカ共和国は一人あたりの所得が同じくらいなのに，平均寿命が20歳ほどもちがう。

そのような比較で，国の所得が適切に国民に還元されているかどうか，といったことも評価できます。
散布図の細部をよく見ることで，さまざまなことがわかってくるんですよ。

相関を使ってワインの価格を予測する!

それでは，相関について，もっとくわしく見ていきましょう。先ほどの所得と平均寿命のように，**散布図では，二つの量を縦軸と横軸に置いて，一方の量が増えた時にもう一方の量がどう変化するのかを見ます。**一方が増えるにつれて，もう一方も直線的に増えるとき，二つの量には**「正の相関がある」**といいます。また，一方が増えるにつれて，もう一方が直線的に減るときは，**「負の相関がある」**といいます。

そのどちらでもないときは？

「相関がない」といいます。
ここで，相関の活用例を見てみましょう。
ワイン愛好家にして経済学者の**オーリー・アッシェンフェルター教授**は，ワインの価格を，相関を利用して予測しました。

ワインの価格を？

はい。ワインは1本1000円程度のこともあれば，数十万円をこえることもあります。この差は**ワインの味**で決まります。
ワインの味は生産された年によって大きくことなる上に，時間が経つにつれて変化していきます。

ふむふむ。

アッシェンフェルター教授は，ワインに関係する要素をいくつも調べ，価格に大きな影響をあたえる**四つの要素**を発見したんです。

すごいワイン愛ですね！
どんな要素だったんでしょう？

四つの要素は，以下でした。

（A）原料のぶどうの収穫前年の
「10 月～３月の雨の量」

（B）原料のぶどうがつくられた年の
「8，９月の雨の量」

（C）原料のぶどうがつくられた年の
「4 ～ 9 月の平均気温」

（D）ワインの年齢（製造後の経過年数）

そしてこの四つの要素とワインの価格との関係をグラフにすると，次のようになったのです。

A.「収穫前年の 10 ～ 3 月の雨の量」と価格

ブドウを収穫する前年の冬の降雨量が多いほど，ワインの価格は高くなる傾向がある（正の相関）。

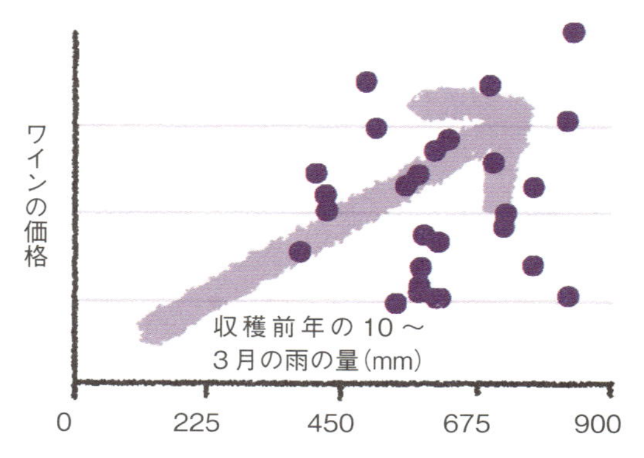

B.「8 〜 9 月の雨の量」と価格

ブドウが育った夏の降雨量が多いほど，ワインの価格は低くなる傾向がある（負の相関）。

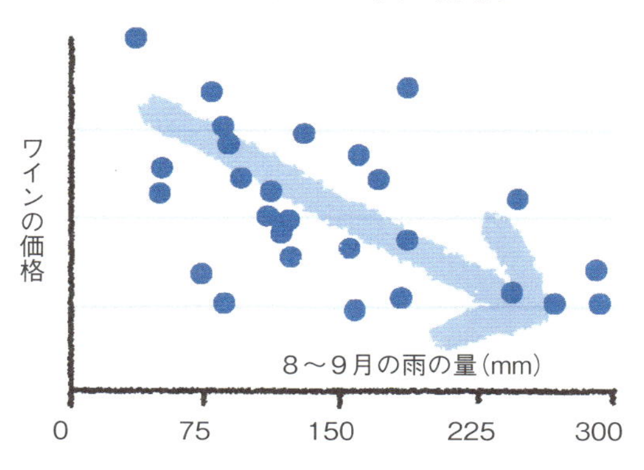

C.「4 〜 9 月の平均気温」と価格

ブドウが育った夏の気温が高いほど，ワインの価格は高くなる傾向がある（正の相関）。

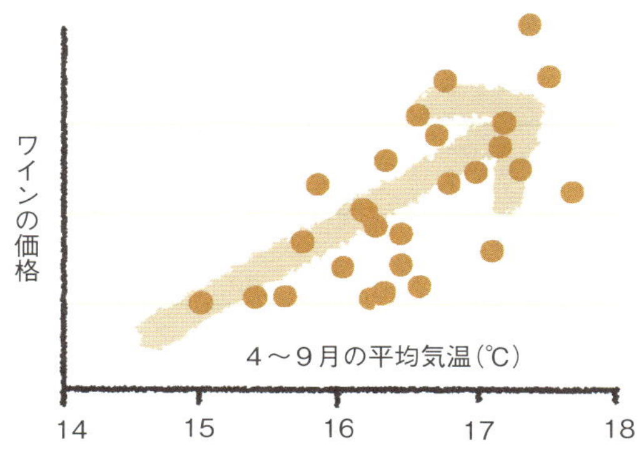

D.「ワインの年齢」と価格

ワインがつくられてから長期間保存されているほど，
価格が上昇する傾向がある（正の相関）。

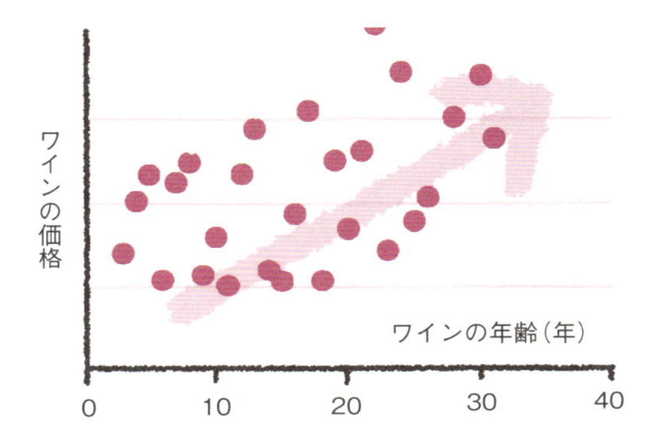

A，C，Dは右肩上がりの傾向があるんですね……。Bは右肩下がりですか。

そうですね。たとえば，Aでは，ブドウを収穫する前年の冬に雨の量が多いほど，ワインの価格が高くなっています。つまり**正の相関**です。逆にBでは，ブドウを収穫する年の8月から9月に雨の量が多いほど，ワインの価格が低くなっていることがわかります。これは**負の相関**です。

なるほど。
これらの四つの要素をうまく考慮することで，ワインの価格が予測できるわけですね。

その通りです。アッシェンフェルター教授は，これらの散布図から，次のような**「ワインの価格の方程式」**をみちびきだしました。

教授すごい！ この方程式に実際の雨の量や平均気温などを入れると，ワインの価格が予想できてしまうんですね？

そうなんです。このように，**散布図上のデータからその関係をあらわす方程式をみちびく統計的方法を「回帰分析」といいます。**回帰分析によって，ワインが将来高い価値をもつかどうかを容易に予測できるようになったのです。

（前年の10月～3月の雨の量）× 0.00117
－（8，9月の雨の量）× 0.00386
＋（4～9月の平均気温）× 0.616
＋（ワインの年齢）× 0.02358
－ 12.145
＝
ワインの価格をあらわす指数

チョコレートを食べる国ほど，ノーベル賞受賞者が多い!?

ここで，相関を扱う上で非常に重要な**落とし穴**について説明しましょう。

お，落とし穴？

はい。次のページのグラフは，アメリカ，コロンビア大学の研究者が2012年に分析した，**国別のチョコレートの消費量**と，**ノーベル賞受賞者数**の関係です。

明らかに右肩上がりですね。

はい，グラフから強い正の相関があることが読み取れます。

強い正の相関！　ということは，チョコレートをたくさん食べる国ほどノーベル賞受賞者が多い……。つまり，**チョコをたくさん食べると頭がよくなるってこと!?**　チョコレートには頭をよくする成分が含まれていたのか〜っ！

ブブー！　この結果だけから，両者に因果関係があると判断することはできないんです！

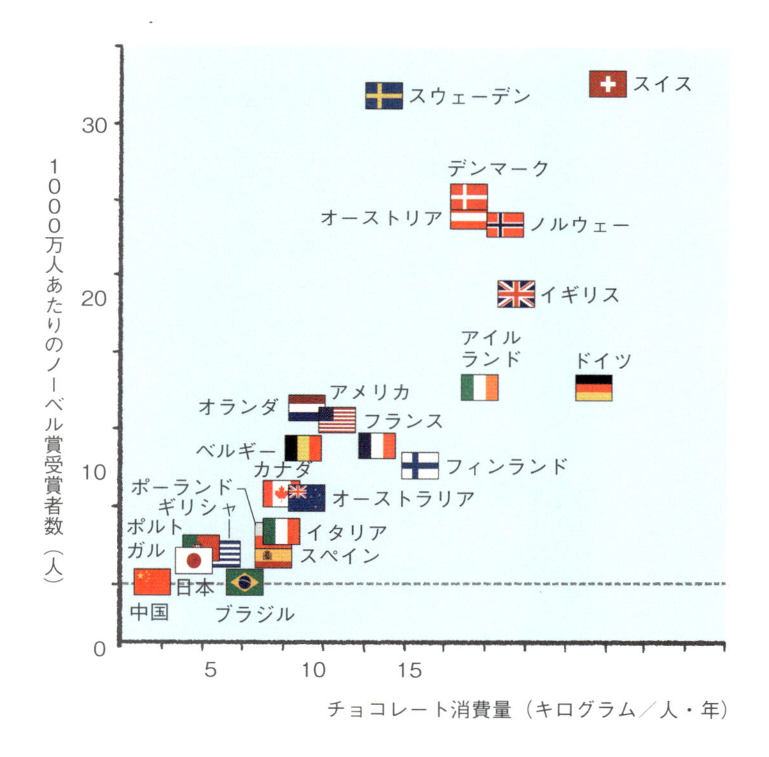

えー，ちがうの!?

相関関係があるからといって，必ずしも因果関係があるとは限らないんです。

この例では，「豊かな国ほどチョコレートを食べる余裕があり，また，教育水準も高いためにノーベル賞受賞者が多い」ということが考えられるのです。

つまり，**チョコレートの消費量とノーベル賞受賞者数の間には「国の豊かさ」という第3の要素（潜在変数）があります。**そのため，両者には直接の因果関係はないと考えられるわけです。

なるほど！　先ほどの散布図から，「チョコレートをたくさん食べたから，頭がよくなった」と考えるのは早計だったわけですね。

その通りです。**このような場合を「疑似相関」や「見せかけの相関」といいます。**
散布図を見るときは常にこのことを念頭におき，二つの量に相関関係を持たせた「第3の要素」がないか考える必要があるのです。

第3の要素。要注意ですね！

ポイント

相関の落とし穴

相関関係があるからといって，必ずしも因果関係があるとは限らない！　第３の要素（潜在変数）が，データの関係に相関関係があると見せかけている可能性がある。

ちょっと，疑似相関を見分ける練習をしてみましょうか。

次の例について，それが疑似相関かどうかを考えてみてください。そして，疑似相関だと思う場合，かくれた第3の要素は何か？　も考えてください。

できるかな!?　ドキドキ。

例①

理系か文系か？　ということと，指の長さの間には相関があります。理系の人々は人差指が薬指より短い人が多く，文系の人々は同じくらいだという人が多いのです。

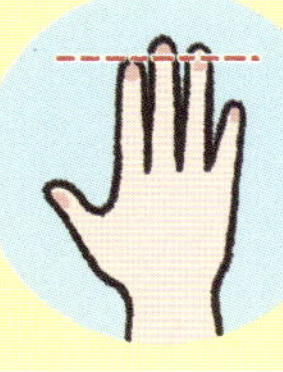

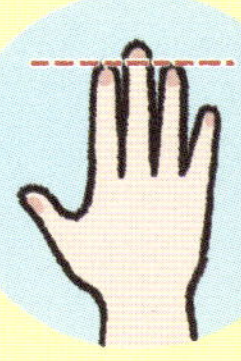

えっ!?　これ本当ですか？

はい，うそではありません。

数学の問題を解くごとに薬指が長くなっていくとか？

そんなわけはないでしょう。

ま，そうですよね。ということは，これは因果関係のない**疑似相関**ですかね？

お，いいですね！　**正解！**
では両者を結びつける**第3の要素**は？

うーん……。
いくら考えてもヒラメキません。

はい，タイムオーバーです。正解を言うと，この二つの要素の間には，**「性別」**という第3の要素があるんです。

性別か〜っ！

はい。**一般的に，男性は人差し指が薬指よりも短い傾向にあります。また，理系は文系にくらべて男子学生の割合が高いです。**そのため，各大学で調査すると，「人差し指が薬指よりも短い学生の割合は理系の方が高い」という結果になるんです。

なるほど。それで「理系か文系か」ということと，「指の長さのちがい」には相関関係があるけれど，因果関係はないことになるんですね。

そういうことです。

疑似相関にはだいぶ慣れてきました！
もう疑似相関には騙されないぞ！

より好まれるデザインを選ぶには

最後に，疑似相関に惑わされず，物事の因果関係を探る方法を紹介しましょう。2008年，アメリカのバラク・オバマ大統領候補のウェブサイトのデザインを任されていた担当者は，次のような問題に取り組みました。**「大統領候補のウェブサイトをどんなデザインにしたら，寄付金やボランティアが増えるだろうか？」**。

難問ですね！ どうやってこの問題に取り組んだんでしょうか？

担当者は，ウェブサイトの画像・動画を**6通り**，メールアドレスの登録ボタンを**4通り**用意し，これらの要素を組み合わせて，**24通りのウェブサイト**を用意しました。そして，ウェブサイトを訪れた閲覧者に，ランダムに24通りのウェブサイトを表示するという実験を行い，閲覧者がメールアドレスを登録する割合がどれくらい変化するかを調べたんです。

ランダムに……？

このような方法を**「ランダム化比較試験」**といいます。ランダム化によって，実験の結果が閲覧者の偏りなどの影響を受けづらくなります。そのため，実験でおきた変化は，疑似相関ではない可能性が高いといえるのです。

なるほど！

この実験の結果，デザインや文言のちがいによって，人々の行動がおどろくほど変化することがわかりました。
担当者は，ランダム化比較試験を使ってオバマ候補のウェブサイトをデザインし，寄付金増とボランティア増を達成したといわれています。

すごい！

ランダム化比較試験は，**効果の高い広告を調べる場合や，利用客の満足するサービスを探る場合など，さまざまな場面で活用されています。**
それから，**新薬の効果を確かめるときにもこの方法が利用されます。**薬を飲む人と飲まない人のグループ分けをランダムに行い，薬の効果を確かめるんです。

グループ間で患者の性別や生活習慣などが偏って，結果に影響が出ることを防ぐんです。
新薬の実験方法については，4時間目でくわしくお話ししますよ！

はい！　統計が，社会のあらゆる場面で役立っていることがだんだんわかってきました。

4時間目

限られたデータから全体の特徴を推測しよう

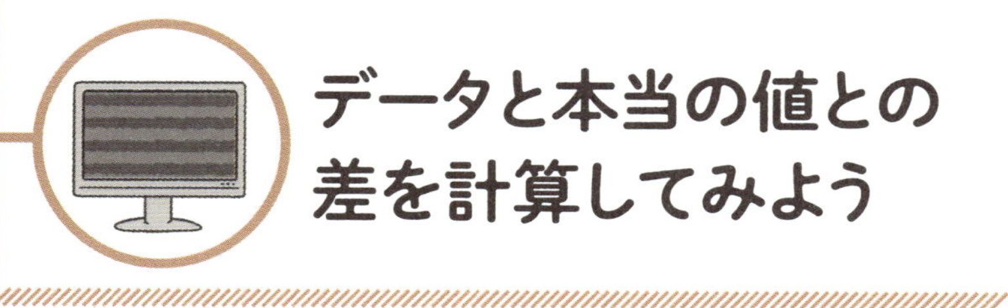

データと本当の値との差を計算してみよう

世論調査では，調査結果と「真の値」との“ずれ”を，さけることができません。ここでは，この“ずれ”に注目し，データから全体を正しくとらえる方法を見ていきましょう。

視聴率20%の誤差は，±2.6%

1時間目に，**世論調査**について紹介しました。世論調査では，一部の回答者の意見から，全国民の意見を推測すると説明しましたね。
4時間目では，世論調査のように，一部の調査結果から，全体の集団について推測する方法について，もう少しくわしく考えていきましょう。

世論調査では，たった**1000人**くらいの意見から，**1億人以上**の意見を**推測**できるんでしたね。

はい。世論調査のように，全体からその一部（回答者）を抜き出して行う調査を**標本調査**といいます。このとき，全体の集団を**母集団**，そこから抜きだされた集団を**標本**といいます。

世論調査の場合，全国民から一部の回答者を選びだすわけですから，**全国民＝母集団**，**回答者＝標本**ということでしょうか？

母集団=全国民

標本=回答者

はい，その通りです！　そして，知りたいのは全国民の意見なわけです。全国民に意見を聞くのが一番正確なんですけど，そういうわけにもいかないので，限られた標本の調査を行うわけです。

たしか世論調査では，全国民（母集団）から**ランダム**に回答者（標本）を選ばないと，調査結果に偏りが生じる可能性があるんでしたね。

よく覚えていました！　では，仮にランダムに1000人の回答者を選び，有効回答率100％の理想的な調査を行ったとします。

その結果は，全国民の本当の意見を，まったくずれがなく，正確に反映していると思いますか？

えっ，正確に反映しているんじゃないですか？有効回答率100％ですし。

ふふふ。実は回答者が全国民より少ない以上，どんなに理想的な調査を行っても，回答者の調査結果と全国民の真の意見の間には，**ずれ**が発生する可能性があるんです。

ずれる？　なぜ？

まずは，単純にボールを袋の中から取りだす実験で考えてみましょう。**赤いボール**と**白いボール**が箱の中に50個ずつあり，目を閉じて10個を取りだすとします。取りだした10個のボールが，完全に箱の中のボールの割合を反映しているならば，**赤5個**，**白5個**になるはずですよね。

ふむ，たしかに。でも実際にやると，5個ずつにならない場合もけっこうある気がするな……。

そうなんです。10個のボールを取りだしたとき，必ずしも赤いボールと白いボールが5個ずつ取りだされるわけではありません。

たとえば赤いボールが**6個**，白いボールが**4個**のことも多くあるでしょう。

たしかに。

世論調査の場合もまったく同じで，**回答者をランダムに選んだとしても，回答者の意見が国民全体の意見からずれることは，必ずおきてしまうんです。**理想的な調査を行ったとしても，それを防ぐことはできません。

じゃあ結局，全国民の意見は，世論調査からはわからない，ってことですか？

ただし，**おきやすいずれ**と**おきにくいずれ**があります。先ほどのボールの例でいえば，赤6個，白4個が取り出されること（1個のずれ）はよくありますが，赤だけが10個取りだされることはめったにないでしょう。

それはそうでしょうね。

そこで世論調査では，**回答者と全国民の「よくあるずれ」がどれくらいの範囲なのかを推定し，結果と共に発表しています。**

4時間目　限られたデータから全体の特徴を推測しよう

たとえば，1000人に内閣支持率を聞いて，70％が支持していたなら，「真の支持率は67～73％の範囲にある可能性が95％である」などと推定されます。

なんだか，**まわりくどいな～！** いったいなんのためにそんないい方をするんですか？

それをここからくわしく説明していきましょう。ここからは単純化のために，テレビの**視聴率**を題材にしますね。

好きなドラマの視聴率，気になりますよね～。視聴率って，いったいどうやって調査しているんでしょうか？

視聴率を調査している**ビデオリサーチ社**では，地域ごとに調査を行っています。
たとえば関東地方だと，世帯数は**約1800万世帯**で，そのうちの**900世帯**を調査対象として選んでいます。そして，900世帯がどの番組を見たかという情報が自動的に集計されるしくみになっています。

へえ～！
そうなんですね！

全世帯の視聴率を完全に把握するには，全世帯を調査するしかありませんが，現実には不可能なので，このようなやり方をしているわけです。

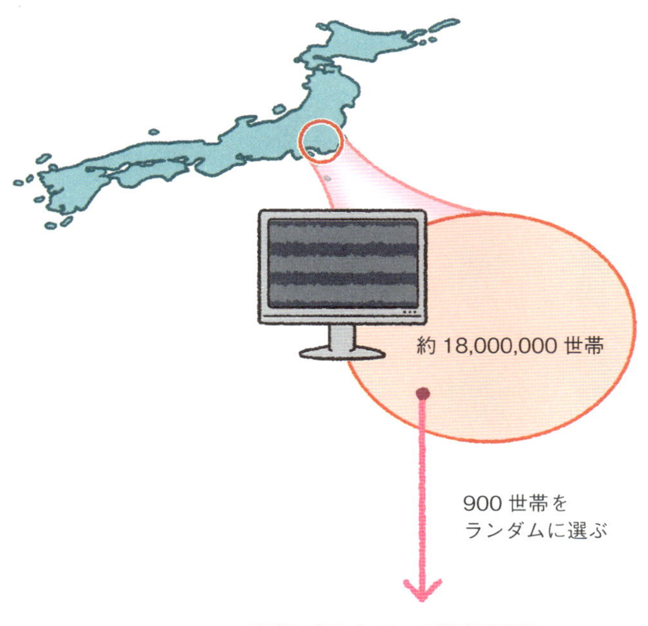

180 世帯が見ていれば視聴率は 20%

視聴率の調査も，世論調査と同じような**標本調査**なんですね。900世帯の調査結果を元に，関東全域の1800万世帯の視聴率を推定しているのか〜。

その通りです。仮に，900世帯のうちの180世帯がある番組を見たという結果になったとすると，調査対象世帯の**この番組の視聴率は20％**ということになります。

$\frac{180}{900} \times 100$，というわけですね。

ただし，これは**あくまでも調査対象世帯の視聴率であって，関東地方の全世帯を調査した「真の」視聴率ではありません。**そのため，調査結果と，そこから推定した全世帯の視聴率には，誤差がある可能性があります。

誤差!?
どのくらいあるんでしょうか？

まず，900世帯の調査の結果，ある番組の視聴率が20%だとすると，全世帯の**真の視聴率**も20％前後である確率が高いと予想できます。逆に，この結果から大きくずれている確率は低そうです。つまり，調査対象世帯の視聴率の確率分布は，真の視聴率を中心とした**「山型」**になりそうです。

そして，実はこの分布は，**正規分布**であることが知られているんです。

実際に行われている
調査世帯数

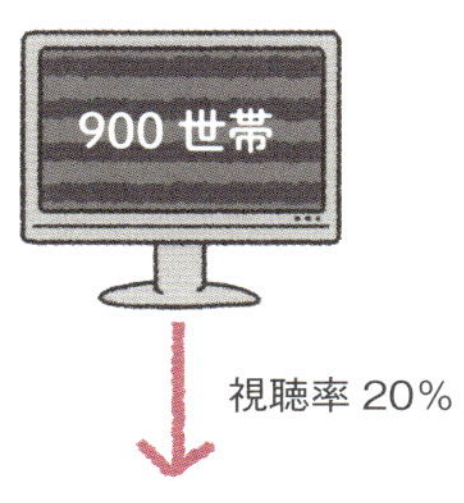

視聴率 20%

調査対象世帯の視聴率の確率分布

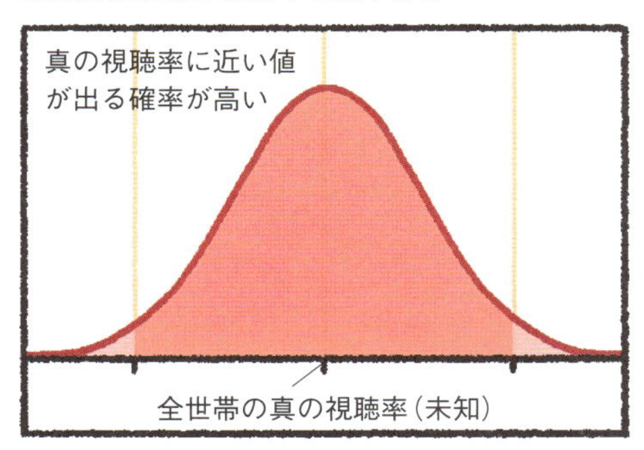

正規分布！
2時間目と3時間目にやりましたね！

正規分布には「平均±1.96×標準偏差」の範囲に95%のデータが含まれるという特徴があります。

数学的な説明はむずかしいので省略しますが，この正規分布の特徴を利用すると，**真の視聴率は95%の確からしさで，$p \pm 1.96\sqrt{\frac{p(1-p)}{n}}$ の範囲にある**と推定できるんです！
この式のpは調査でわかった視聴率です。
nは，調査した世帯数（サンプル・サイズ）です。
サンプル・サイズとは，標本調査で調べるサンプルの量のことをいいます。
そしてこの「$\pm 1.96\sqrt{\frac{p(1-p)}{n}}$」をここでは，標本誤差とよぶことにしましょう。

ポイント

$$95\%\text{の標本誤差} = \pm 1.96\sqrt{\frac{p(1-p)}{n}}$$

p：調査でわかった視聴率
n：サンプル・サイズ

数式中の1.96は，標準偏差1.96個分という意味です。もし確からしさを90％にしたいなら標準偏差1.65個分となり，確からしさ99％なら2.58個分となります。統計調査では，確からしさ95％を用いることが多いです。

む，むずかしい。
たとえば，900世帯の調査で，視聴率が20%だった場合の誤差はどれくらいになりますか？

では，$n = 900$，$p = 0.2$ を標本誤差の式に代入してみましょうか。

$$95\%\text{ の標本誤差} = \pm 1.96\sqrt{\frac{p(1-p)}{n}}$$

$n = 900$，$p = 0.2$ を代入

$$95\%\text{ の標本誤差} = \pm 1.96\sqrt{\frac{0.2(1-0.2)}{900}}$$

$$\fallingdotseq \pm 0.026$$

ということで，**誤差の範囲は ± 2.6%** ということになりますね。

誤差の範囲が ± 2.6% とは？

95%の確からしさで，全世帯の視聴率は20%の前後2.6%，つまり17.4 ～ 22.6%の範囲に含まれるということになります。

なるほど！　ちなみに，95 %の確からしさとは，**どういうことですか？**

「たとえば100回調査したら，95回くらいはこの範囲の外に真の視聴率がある」という意味です。

5回はちがう結果が出るということか。
厳密だな～。なんとなく標本調査と標本誤差がどういうものなのかがわかりました。でも，視聴率20%の誤差が±2.6%って，けっこう大きくないですか？
この誤差を小さくして，より正確に推定することは，できないのかなぁ？

できますよ！
先ほどの式の分母にある**サンプル・サイズnを大きくすればいいんです。**

調査の数を増やせば増やすほど誤差は小さくなっていく，ということなんですか？

はい。式をよく見ると，**誤差は$\frac{1}{\sqrt{n}}$に比例します。**
つまり，誤差を$\frac{1}{10}$にしようとすると，サンプル・サイズを100倍（10^2倍）にする必要があります。
今回の例では，誤差を±2.6％の$\frac{1}{10}$である±0.26％におさめるためには，実に9万世帯の調査が必要になるんです。

9万世帯！ めっちゃたくさん必要なんですね。でも誤差は10分の1なのか。

そうなんです。労力のわりに成果が少ないといえるかもしれませんね。

ですから，**調査のサンプル・サイズは，どれくらいの精度の調査が必要か，を考えて決められます。**ちなみに，この計算法では，標本誤差の式はサンプル・サイズnと視聴率pだけでできており，母集団の人数は含まれていません。そのため，**調査結果の精度は，母集団の人数には関係なく，回答者の数だけで決まります。**

ん？　どういう意味ですか？

人口1億人の国でも，10億人の国でも，**全国民からランダムに選ばれた1000人の調査結果から，同じ式で推定することができるんです。**

へぇーっ，便利ですね。
これなら私にも使えそうです。

10枚のコインを投げたとき表は何枚?

標本誤差……。視聴率の例では，今ひとつ標本誤差がピンとこなくて。標本誤差がなぜ生じるのか，もう少しやさしく教えてもらえませんか？

では，身近な例で標本誤差を考えてみましょう。**「コイン投げ」**を例にとって，次の問題を考えてみます。

表と裏が等しい確率で出るコインがある。このコインを10枚投げたとき，そのうち何枚が表を向くと予測できるだろうか？

表と裏が出る確率は等しいのだから，**5枚が表，5枚が裏の確率が一番高いでしょう！**

そうですね。その通りです。でも，実際に試してみればすぐにわかりますが，10枚のコインを投げて，ちょうど表と裏が5枚ずつ出る確率は意外に低いんです。

やってみます！
10円玉を10枚投げてみますね！
……
何度も投げてみたんですけど，表と裏，どちらも5枚ずつというのは，おおよそ4回投げて1回くらいしか出ませんでした。
けっこう確率低い……。

そうなんです。表が5枚出る確率を計算で求めると，**約25％**となります。

一方で，表が4枚（裏が6枚），あるいは表が6枚（裏が4枚）という結果が得られる確率は，それぞれ**約21％**もあります。さらに，10枚すべて表，あるいは10枚すべて裏という極端に偏った結果でさえ，それぞれ約**約0.1％**の確率でおこります。

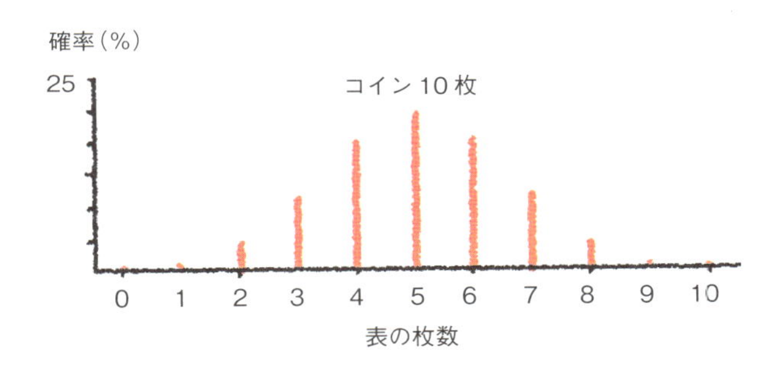

表と裏が5枚ずつという予測はあまり当たらないのか……。

はい。「表は5枚」という予測は，約25％の確率で当たりますが，約75％の確率ではずれます。いいかえれば，**この予測は，約25％しか信頼できないのです。この約25％を「信頼度」といいます。**

75%が外れる予測……。
もっと信頼度をアップするにはどうしたらよいのでしょう？

それは単純。
予測に幅をもたせればいいんです。
たとえば「表は4枚～6枚(5枚からの誤差±1枚)」と予測すれば，約66％の確率で当たります。つまり**信頼度約66％**です。さらに幅を広げて，「表は2枚～8枚(5枚からの誤差±3枚)」と予測すれば，約98％の確率で当たります。

ほぉ！

これが**標本誤差の考え方**です。
世論調査をはじめとする標本調査にも，そのままあてはめることができます。**推定に幅をもたせることで，ある程度信頼できる推定を行うことが可能になるんです。**そのため，「真の支持率は67～73％の範囲にある可能性が95％である」といったように，幅をもたせた予想をしているわけです。

なるほど。
回りくどいいい方ですが，信用第一ですからね！

内閣支持率の低下は，単なる誤差かもしれない

標本誤差の知識を元に次の架空のニュースを読み解いてみましょう。

先月の世論調査では 31％だった内閣支持率が，今月は 29％へと下落し，3 割を切った。

内閣支持率が低下してしまった！

いえ，この情報だけから「内閣支持率が低下している」と判断してしまうのは**危険**なんです。

だって！ 31％から 29％へ下落したっていっているじゃないですか？

これはあくまで限られた回答者の調査結果で，国民全体の支持率の間には誤差がある可能性があります。

「29％」や「31％」という数字を**うのみにする前に**まずはこの数字にどれほどの誤差があるのかを求めてみましょう。

よし！
標本誤差ですね！

はい。この世論調査の**有効回答数**は，先月も今月も**1500**だったとします。**95%の信頼度**で推定するときの**標本誤差**を求めてみてください！

えっ，僕がやるんですか？

がんばって。世論調査の有効回答数をn，得られた結果をpとすると，95%の信頼度で推定するときの標本誤差は，$\pm 1.96 \times \sqrt{\frac{p(1-p)}{n}}$になるんでしたね。あとは，この式の$n$と$p$に実際の値を代入するだけですよ。

あぁ，そういえば，さっきやったばかりでした。えーっと，今月の調査の標本誤差を求めるためには，$n = 1500$，$p = 0.29$を式に代入すればいいんですね。

$$標本誤差 = \pm 1.96\sqrt{\frac{p(1-p)}{n}}$$

$n = 1500$，$p = 0.29$ を代入

$$= \pm 1.96\sqrt{\frac{0.29(1-0.29)}{1500}}$$

$$\fallingdotseq \pm 0.0230$$

標本誤差は，±2.30%です。

そうですね。
この結果は，**「真の内閣支持率は29%±2.30%（26.70%～31.30%）の範囲にあることが，95%の確率で信頼できる」ことを意味します。**
こうして推定された範囲「26.70%～31.30%」を，**「信頼区間」**とよびます。

しんらいくかん……。

では，同じように先月の調査結果「有効回答数1500，内閣支持率31%」から95%の信頼区間の標本誤差を求めてみてください。

$n = 1500$，$p = 0.31$ を代入すればいいんですね。

$$\text{標本誤差} = \pm 1.96\sqrt{\frac{p(1-p)}{n}}$$

$n = 1500$，$p = 0.31$ を代入

$$= \pm 1.96\sqrt{\frac{0.31(1-0.31)}{1500}}$$

$$\fallingdotseq \pm 0.0234$$

標本誤差は±2.34%になりました！

そうですね。ここから95%の信頼区間は31%±2.34%（28.66%～33.34%）となります。

今月の調査結果と，先月の調査結果の95%の信頼区間がわかったんですね！

では，この信頼区間を踏まえて，冒頭のニュースを読み直してみましょう。標本調査の結果が「31%から29%に低下」したことで，母集団の支持率が95%の確率で存在する信頼区間は28.66%～33.34%から26.70%～31.30%に変化した，と読み解けます。

「支持率が下落した」っていう冒頭のニュースから受ける印象と，だいぶちがいますね！

そうでしょう？　そして，この二つの信頼区間をあらわしたのが，次の図です。

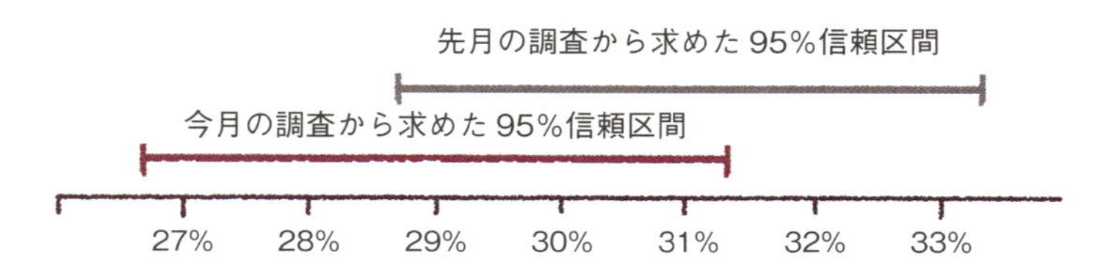

先月と今月の調査の信頼区間は**重複していますね。**

そうなんです。ですから母集団の内閣支持率は，**下がったとはいい切れないのです。**
つまりこの世論調査に見られる1か月の内閣支持率の変化は，誤差の範囲内で，**「ほぼ横ばい」**と解釈したほうが無難だということになります。

ほぅ。誤差を求めることで，内閣支持率の変化に意味があるのかないのかを見積もることができるんですね。

その通りです。標本誤差を考えることで，世論調査の結果を**冷静に評価**できるようになります。このように一定の誤差がともなうのは，実は世論調査に限った話ではありません。「工業製品の品質検査」，「気温の測定」，「新薬の臨床試験結果」など，**母集団から一部の標本を取りだすときには必ず誤差がともないます。**

どんな調査も，全数調査をしない限りは，**誤差から逃れられない**わけですか。

その通りです。
そして，**どんな調査やどんな測定も，誤差の大きさを正しく把握しない限り，得られたデータの意味を正しく読みとることはできません。**

なお，標本誤差の計算は煩雑なので，**関数電卓**などがあると便利です。持っていない場合は，次のような早見表を使うと簡単に誤差を見積もることができます。

標本誤差の早見表（信頼度 95%の場合）

n ＼ *p*	10% または 90%	20% または 80%	30% または 70%	40% または 60%	50%
2500	± 1.2%	± 1.6%	± 1.8%	± 1.9%	± 2.0%
2000	± 1.3%	± 1.8%	± 2.0%	± 2.1%	± 2.2%
1500	± 1.5%	± 2.0%	± 2.3%	± 2.5%	± 2.5%
1000	± 1.9%	± 2.5%	± 2.8%	± 3.0%	± 3.1%
600	± 2.4%	± 3.2%	± 3.7%	± 3.9%	± 4.0%
500	± 2.6%	± 3.5%	± 4.0%	± 4.3%	± 4.4%
100	± 5.9%	± 7.8%	± 9.0%	± 9.6%	± 9.8%

表の n は有効回答数，p は調査結果の値（内閣支持率など）です。たとえば，「有効回答数 1500 の世論調査で，内閣支持率が 60%」なら，n = 1500，p = 60%で，上の表から標本誤差は± 2.5%とわかります。

こんな表があるんですね！

世論調査などを見るときは，その結果だけではなく，その数字の背後にある誤差を見きわめることが，**数字やデータに振りまわされないための第一歩**だといえます。

選挙の当確は誤差しだい

今度は，標本誤差を元に，選挙の当確について考えてみましょう。

選挙特番で出る「当確」速報って開票がすべて終わっていない段階で出ていて疑問に思っていたんですよね。当確ってどうやって出しているんですか？

「当確（当選確実）」とは，報道機関が独自に報道する「かなり高い確率で当選するだろう」という「予想」です。開票の途中経過は各自治体の選挙管理委員会から随時発表されており，**統計の手法を使えば，数％の開票結果からでも最終得票数を推定することができます。**
つまり，当確を統計的に判断することが可能になります。

すごい！
いったいどうやって!?

最終得票数は，**すべての票数×最終得票率**であらわされます。つまり，最終得票率が予想できれば，最終得票数を予想できるんです。
最終得票数を予想するのに重要になってくるのが，**標本誤差**です！

やっぱり，標本誤差！

具体的に計算していきましょう！
途中段階の開票数をn，その時点の得票率をpとします。標本誤差の式にしたがうと，最終得票率は95%の確からしさで，$p \pm 1.96 \times \sqrt{\frac{p(1-p)}{n}}$の範囲に入ることがわかります。

選挙の結果を**標本調査**として考えるんですね。

そうです。投票されたすべての**有効票が母集団**で，開票された**一部の票が標本**というわけです。

ふむふむ。

では実際に，仮想上のモデル選挙区（投票者20万人，定数1，候補者2人）を使って，当確が出るまでをシミュレーションしてみましょう。**開票率5%**の段階では一人目の候補者**A**の得票数が**5050**で得票率**50.5%**，二人目の候補者**B**の得票数が**4950**で得票率**49.5%**だったとします。これを元に**Aの標本誤差**を計算してみます。

$$
\text{標本誤差} = \pm 1.96\sqrt{\frac{0.505(1-0.505)}{10000}}
$$

$$
\fallingdotseq \pm 0.0098
$$

Aの標本誤差は±0.98%です。
つまり，**Aの最終的な得票率は50.5±0.98%**と予想できるわけです。ここから推定される最終得票数は9万9040～10万2960票です。
次にBの標本誤差を計算してみます。

$$
\text{標本誤差} = \pm 1.96\sqrt{\frac{0.495(1-0.495)}{10000}}
$$

$$
\fallingdotseq \pm 0.0098
$$

Bの標本誤差も±0.98%です。つまり，**Bの最終的な得票率は49.5±0.98%**と予想できるわけです。ここから最終得票数は9万7040～10万960票と推定できます。

僅差ですね！
予想の範囲がまだかなり重なっています。

そうですね。5%という**少ない情報**からでは，予想される最終得票数の幅は広いですね。
そのため，グラフであらわしたように，予想得票数の範囲は重なっています。この状態だと，現在わずかに負けているBが，最終的にAを逆転する可能性は十分にあります。
この時点で「当確」を発表するのは，時期尚早といえるでしょう。

開票率 5%（開票数 1 万）

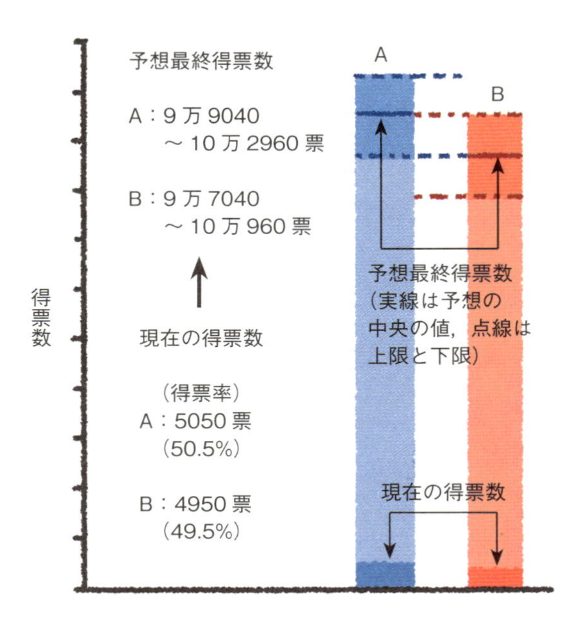

開票が進むとどう変わっていくんでしょうか？

次に**開票率50%**の状態を見てみましょう。Aの得票数が**5万300**で得票率**50.3%**，Bの得票数が**4万9700**で得票率**49.7%**だったとします。もう計算過程は省略しますが，計算を行うとAの最終得票数は**9万9980～10万1220票**，Bの最終得票数は**9万8780～10万20票**と推定できます。

開票率50%（開票数10万）

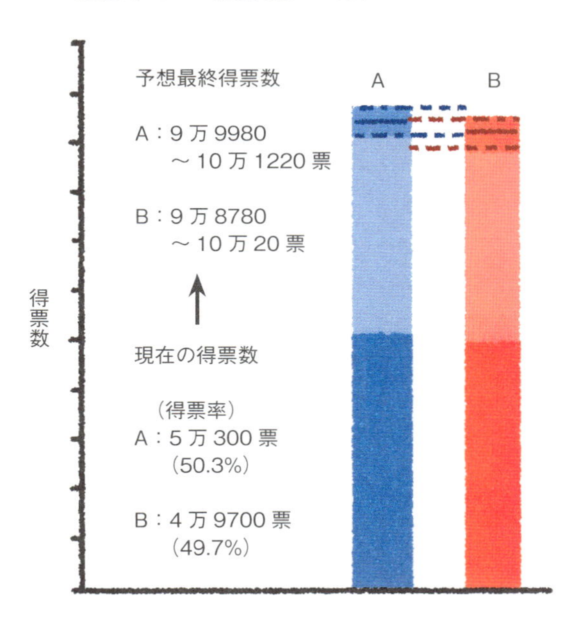

予想される最終得票数の範囲は**まだ重なってますね。**

はい。推定される範囲は先ほどにくらべると，だいぶせまくなりましたが，まだ一部重なっています。**Bが逆転する可能性は残っているといえるでしょう。**

さらに開票が進むと？

では，開票率80%の結果を見てみましょう。
Aの得票数が8万800で得票率50.5%，Bの得票数が7万9200で得票率49.5%だったとします。これを元に計算すると，最終得票数はAが10万510～10万1490票，Bが9万8510～9万9490票と推定できます。

お，予想最終得票数が**重ならない！**

はい。開票が進むと，予想に使える情報が多くなり，予想される最終得票数の幅がじょじょにせまく，正確になっていきます。そして，開票率80%のときは，AとBの予想の幅は重ならなくなり，**Bが逆転する可能性はほとんどなくなったといえるでしょう。**これならAの「当確」を判断してさしつかえないと考えられます。

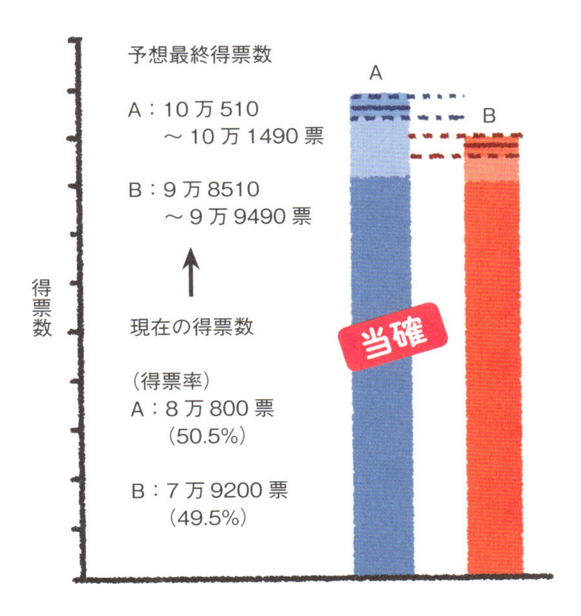

誤差を含めて推定することで，当確を出すかどうかが判断できるんですね。

そうです。ただし，**当確はあくまでも予想なので途中から予想をこえる展開がおきれば，外れることもあります。**僅差であるほど，当確の判断は慎重になる必要があります。実際に日本でも当確のハズレが何度もおきています。

あくまで予想なわけですね。

ところで，投票が打ち切られた20時に，**開票率0%で当確発表**が出ることもありますよね？　あれはどうやって出しているんでしょうか？

報道機関が行った事前の世論調査や投票日当日の出口調査などによって，圧倒的な勝利が見こめれば，報道機関の判断によって，開票の途中経過を見ることなく当確が発表されることもあるようです。
ただし，**開票率0%の当確の判断は，あまり統計的でないことも多いようです。**

不合格品の割合を調べる

標本調査の最後に，缶詰工場での**不合格品の割合**を調査する方法について考えてみましょう。

また**一部の缶詰**を抜き取って，不合格品かどうかを調べればいいわけですよね？

そうですね。不合格品の割合をいっさいの誤差なく調べるには，缶詰をすべて開けて調べる**「全数調査」**をするしかありません。
でもそれをしてしまったら，売るための商品がなくなってしまいますよね。

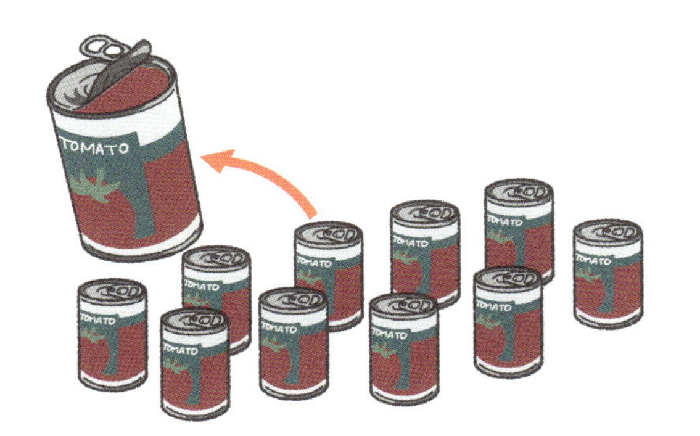

たしかに。何個くらい開ければいいんだろう？

サンプルがどれくらい必要か？ ここではそれを考えてみましょう。標本調査で調べるサンプルの量を**サンプル・サイズ**といいましたね。当然，サンプル・サイズを増やして，全数調査に近づけるほど，誤差はゼロに近づいていきます。でも，たくさん調査すると，それだけ売れる商品がなくなるので損ですよね。

そうですね。

視聴率のときにも少しお話ししましたが，**サンプル・サイズは，どの程度まで誤差を許容するのか，で決まります。**ここで，さきほどの標本誤差の式を思い出してください。

標本誤差の式は，95%の信頼区間で，
標本誤差 $= \pm 1.96 \times \sqrt{\frac{p(1-p)}{n}}$ でした！

そうです！　そして，この式の中の n が，サンプル・サイズです。
今回は，n がいくらであればよいのか，というのが問題なので，$n=$ の形に式を変形します。

$$n = \left(\frac{1.96\sqrt{p(1-p)}}{\text{標本誤差}} \right)^2$$

どれくらいの標本誤差を許容するか，この式でサンプル・サイズ n を求めることができます。

具体的にはどうすればいいのでしょうか？

たとえば，許容できる標本誤差を2%とします。
p は不合格品の割合で，本来は未知です。しかし，**もし前回の調査結果などがあれば，その値を使います。**ここでは，前回の調査結果が5%だったとして，$p = 0.05$ としましょう。

5% ってことは，**20個に1個が不良品!?**
不良品多すぎでしょ。

と，ともかく**標本誤差を2%，$p = 0.05$**でサンプル・サイズを計算してみてください。

さっきの式に代入するだけでいいんですよね？そしたら……

$$n = \left(\frac{1.96\sqrt{p(1-p)}}{\text{標本誤差}} \right)^2$$

$p = 0.05$，標本誤差＝0.02 を代入

$$n = \left(\frac{1.96 \times \sqrt{0.05(1-0.05)}}{0.02} \right)^2$$

$$= 456.19$$

だいたい456になりました。

そうです。**2%の誤差を許容すると，456個の缶詰を開ければ，不合格品の割合を知ることができることになります。**もし456個の缶詰の標本調査で，前回とまったく同じ5%の不良品が見つかれば，全体の不良品の割合は，5±2%の範囲にあると推測できるわけです。

456個もか……。
けっこうな数だなぁ。

さて，ここで経営者から**標本誤差を10分の1にせよ**といわれてしまったとします。
このとき，サンプル・サイズはいくらになるでしょうか？

標本誤差を10分の1に!? ということは標本誤差を0.2%（0.002）にするってことですね。これを先ほどの式に入れてみますね。

$$n = \left(1.96 \times \sqrt{\frac{p(1-p)}{\text{標本誤差}}}\right)^2$$

p = 0.05，標本誤差 = 0.002 を代入

$$n = \left(1.96 \times \sqrt{\frac{0.05(1-0.05)}{0.002}}\right)^2$$
$$= 45619$$

どひゃー，缶詰を4万5619個開けないといけなくなりました。

そうなんです。誤差を小さくするのは大変なことなんです。誤差を$\frac{1}{2}$にするには，サンプル・サイズを4倍（2^2倍）に，誤差を$\frac{1}{10}$にするには，サンプル・サイズを100倍（10^2倍）に，そして誤差を$\frac{1}{100}$にするには，サンプル・サイズを1万倍（100^2倍）にしなければなりません。実際には調査にかかるコストなどを考慮して，現実的なサンプル・サイズを設定することになります。

新薬の効果が本当にあるのかを確かめる

ここからは，**仮説検定**という統計手法について紹介しましょう。仮説検定は，数学的に説明しようとすると少しむずかしいので，数式などはあまり使わずに説明していきますね。

むずかしいんですね……。
どういう手法なんですか？

仮説検定とは，ある仮説が正しいかどうかを統計的に判断する手法です。たとえば，新しく開発した薬に効果があるのか，ないのか，そういった問いに，**確率を用いて答える方法です。**

むずかしそうってことだけはよくわかりました。

具体例を元に説明したほうがわかりやすいと思います。まずは，**新薬開発**を例に，仮説検定がどういうものかを説明しましょう。
新薬の効果を調べるために，仮説検定は，欠かすことのできない手法なんですよ。

新薬の効果を調べる試験には，ものすごい時間がかかるって聞いたことがあります。いったいどうやって新薬の効果は確かめられるんでしょうか？

通常，新薬の効果は，3時間目で紹介した**ランダム化比較試験**によって調べられます。

オバマ大統領の選挙の！　比較試験を元にウェブサイトのデザインを決めたら，寄付金やボランティアが増えたという。新薬の試験で行われるランダム化比較実験っていうのは，どういうものなんですか？

まず，患者を**ランダム**に二つの集団に分けます。医者が選んだり，病状によって分けたりすることはしません。患者が偏らないようにするためです。そして片方には**新薬**を，もう片方には有効成分の含まれていない**偽薬**を投与して，二つの集団の経過を比較するんです。

わざわざ偽薬を⁉
単純に，投与する・投与しないのグループ分けじゃダメなんですか？

実は，本来効果のない薬でも，患者が効果のある薬だと思いこむことで，何らかの効果が出る場合があるんです。これを**プラシーボ効果**といいます。
プラシーボ効果の影響を差し引くために，新薬と偽薬で効果を比較するんです。

ああ，なるほど。

ここでは，新しい**風邪薬**の試験について考えたいと思います。新薬を投与する100人の患者グループ**A**と，偽薬を投与する100人の患者グループ**B**に分けて，経過を比較しました。
すると，グループAは，グループBよりも平均して，30時間早く症状が改善しました。

お，新薬を投与したグループのほうが症状が改善する時間が早い！　ってことは，**新薬に効果があったわけですね！**

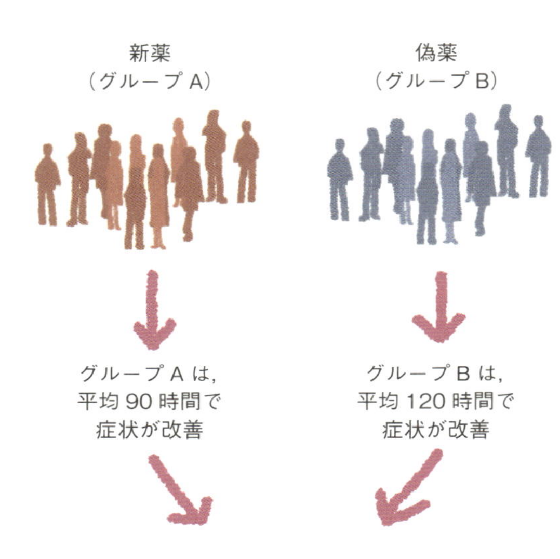

試験の結果

新薬を投与されたグループ A は,
偽薬を投与されたグループ B よりも,
平均して 30 時間早く症状が改善していた

いいえ，ここで**早合点してはいけません。**
次の二つの仮説が考えられるためです。

● **仮　説**

①新薬と偽薬の効果に差がある
②新薬と偽薬に効果の差はなく，試験であらわれた差はただの『偶然の結果』

ぐ，ぐうぜんの結果!?

新薬と偽薬の効果が同じ（＝効果に差がない）ものだったとしても，新薬の試験の際に選ばれた被験者に，**症状が改善する人々がたまたま多く含まれていた可能性があります。**
つまり，偽薬と新薬で効果に差がなくても，偶然結果に差が出てしまうことがあるのです。

そんなことをいったら，**世の中の何もかもが偶然**で片付けられてしまうじゃないですか。

ふふふ。そこで！
その偶然がどれくらいおきそうなのかを，統計的に見積もるのです！**「仮説検定」では，正規分布の性質を用いて，新薬と偽薬の差が偶然生じる確率を計算するんです。**

偶然がおきる確率を計算する!?
統計恐るべし……。

グループAとグループBの人数や，症状改善までの平均時間，標準偏差などを元に計算をすると，二つのグループで症状改善までの時間にどれくらい差が生じるのかを見積もることができるんです。症状改善までの時間差の確率分布は次のグラフのようになります。

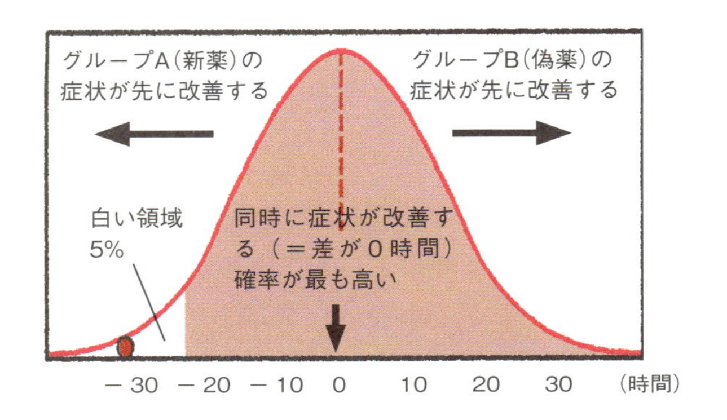

このグラフはどういう意味なんでしょうか?

新薬と偽薬がまったく同じ効果だったとすると，グループAとBで，症状が改善するまでに**どれくらいの時間差**が生じそうなのかをあらわしたグラフです。効果が同じなわけですから，症状改善まで時間差がない(0時間)確率が一番高くなります。一方で，症状改善までの時間に大きな差が出る確率は低くなることがわかります。

結局，**山型の分布**になるわけですね。

その通りです。このグラフを見ると，今回の試験結果である「症状改善までの時間差＝マイナス30時間」が生じる確率は，**5%以下**だとわかります。

けっこう低い。

はい，これはつまり，「**仮説②がもしも正しいならば，今回の試験結果は確率５％以下のことがおこったことになる**」**という意味です。**しかし，そのような小さい確率の出来事がおこったと考えるよりは，仮説②が正しくないと考える方が自然ではないでしょうか。今回のように，みちびかれた確率が非常に小さいなら，仮説②を棄却して，仮説①を採択できるわけです。
つまり，今回の症状改善までの時間差は，偶然生じたと考えづらいので，「新薬に効果がある可能性が高い」と評価できるわけです。

なるほど。だいたいどれくらいの確率なら，**「偶然ではない」**といえるんでしょうか？

この基準は新薬を評価する当事者が決める必要があり，基準は場合によってことなります。たとえば，新薬の試験では**「５％以下」**の基準を用いることが多いですが，**「１％以下」**という，よりきびしい基準を用いることもあります。
このような基準を**有意水準**といいます。

でも，5％以下という基準なら，20回に１回は誤った結論に至るのではないですか？

そうですね。**しかし，誤った結論にいたってしまう確率を事前に自分でコントロールすることができます。**そこが**仮説検定の重要なところ**です。５％以下を基準にした新薬試験では，実際には効果がないのに，「新薬に効果がある」という結論にいたることもありうるわけですが，その誤りの確率が５％というわけです。

これが仮説検定か！
もしも，グループAとBの差があまりなく，５％の域に入らなければ，新薬と偽薬の差は，偶然だったということになるんですね？

いいえ，それはちょっとちがいます。
その場合は，さきほどとちがって，実際には新薬に効果があるにも関わらず「効果がない」という結論にいたる確率がコントロールされていないんですね。そのため，この場合は明確な結論を出すことはできないんです。ですから，**効果があったのか，なかったのか，わからないという結果になります。**

白黒はつけられない……。
もやもやしますね。

そうかもしれませんね……。ちなみに，仮説検定は**科学実験**でもよく使われます。2013年のノーベル物理学賞の対象となった**ヒッグス粒子**という超微小な粒子があります。

このヒッグス粒子の存在を確かめる試験では，0.00003％以下という非常にきびしい基準が用いられました。**ヒッグス粒子が実験に影響をおよぼしていないと仮定した場合，実験結果が偶然生じる確率は，0.00003％以下だったというわけです。**

0.00003％！　すさまじいですね。そうやって，確実にヒッグス粒子が存在する，ということを確かめたわけですね。

ピンボールで仮説検定を考えよう

仮説検定，ぼんやりとはわかってきましたけど，なんだか今ひとつつかめていないような……。

ではもう少し単純な例として，ピンボールを使って考え直してみましょう。

ピンボールって，2時間目に登場したものですね？

そうです。イラストのピンボールの例では，1個の玉が落下するとき，「玉がピンに衝突して右か左かに進む」という試験を12回くりかえすことで，玉の最終的な位置が決まります。

たくさん玉を入れると，釣鐘型の分布，**正規分布**になるんでしたね。

はい，その通りです。
右に進むことを「+1」，左に進むことを「－1」と考えれば，玉は右に進む回数と左に進む回数が同じくらいであることが多いので，0点に頂点をもつ**正規分布**があらわれます。そして，頂点の位置は常に，玉の落とし口の真下にあらわれることになります。

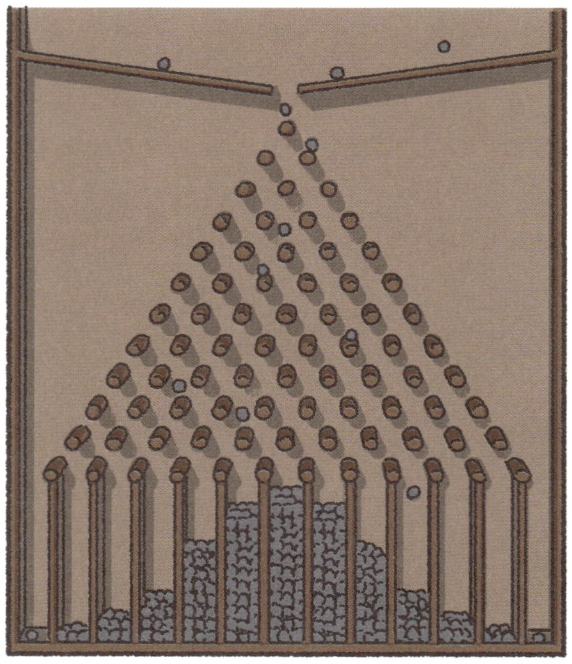

ここで，次の図のようにピンを増やし，どこからでも玉を落とせるようにしたピンボールマシンを考えてみましょう。このピンボールマシンの上部がかくされてしまい，最終的に玉が落ちた地点しかわからないとします。今，1個の玉が「－12」の地点に落ちてきました。
さて，玉を落としたのは0点の真上だったのでしょうか？

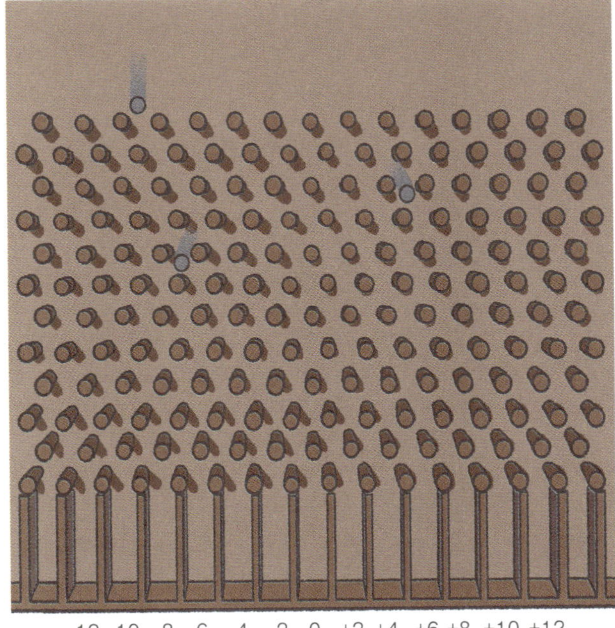

玉が落ちた地点はかなり左よりですね……。
うーん，0点の真上から落としても，－12の地点に落ちることはありうるので，1個の結果だけでは何ともいえないんじゃないかな。
あっ！ もっとたくさん玉を落とせば，その頂点の位置から落とし口がわかるんじゃないですか？

お，いいヒラメキですね！
たしかに1個目の玉と同じ位置からどんどん玉を落とせば，やがて正規分布があらわれて，その頂点の位置から玉を落とした位置がわかるでしょう。ただし，この方法ではたくさんの玉が必要になってしまいますね。

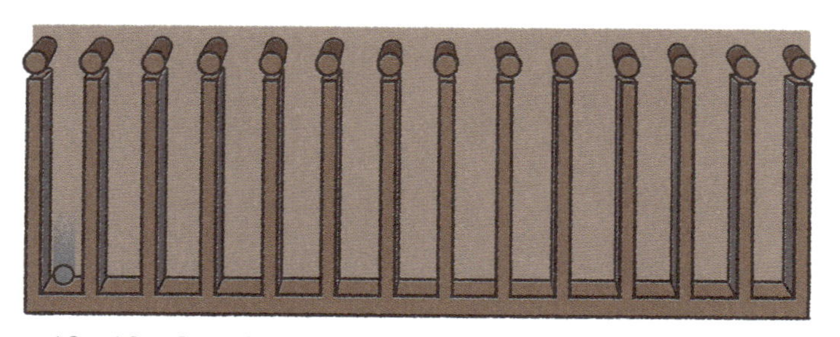

でも，それ以外に玉の落とし口がどこか知る方法ってあるんですか？

実は，たった1個の玉だけで，玉を落とした位置を**確率的に推定**できるんです。この「確率的に推定する」とは，**「100％確実に位置を知ることはできないが，たとえば95％の的中率でなら判定できる」**という意味です。

たった1個の玉だけで⁉
どうやるんですか？

まず，「玉の落とし口は0点の真上だ」と仮定します。すると，最終的な玉の落下地点の確率分布は0点を中心とした正規分布になるはずです。

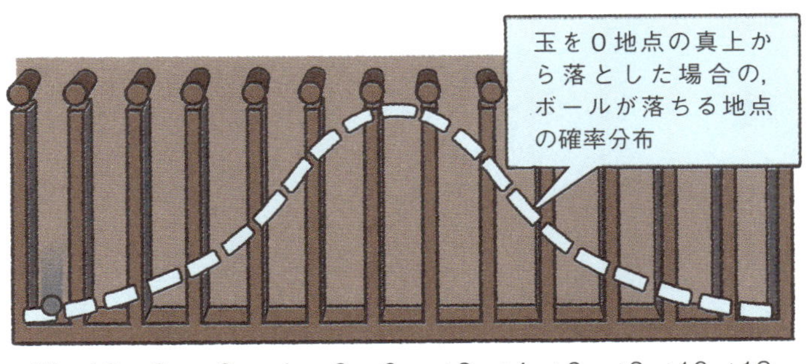

投入口の真下に頂点がくるわけですね。

はい。このとき1個の玉が**「－12」地点に落ちる確率は非常に小さく，5％以下**になります。一方，もし落とし口がマイナス側ならば，「－12」地点に玉が落ちる確率はもっと高くなります。

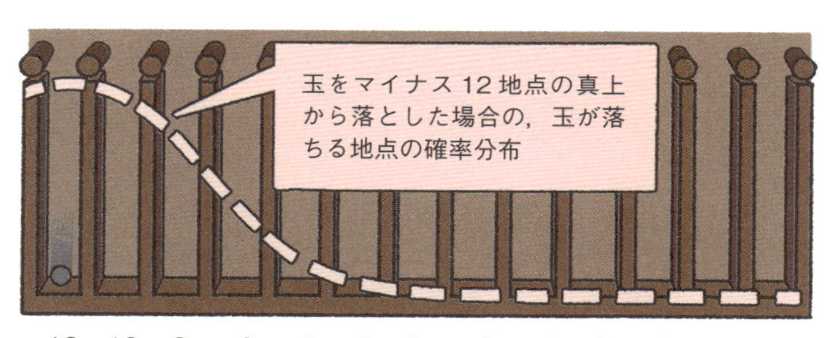

ふむふむ。

つまり，「玉を0地点の真上から落としたところ，5％以下の確率のめずらしいことがおきた（－12地点にボールが落ちた）」と考えるよりは，**「ボールの落とし口は0地点の真上にない（0地点より左にある）」と考える方が合理的なわけです。**

たしかに！

こうして，1個のボールの落下地点から「95％の確率で，ボールの落とし口は0点の真上ではない」と推定できるのです。

そういうことか！

なんとなくつかめました！　ところで，今回は最終的な落下地点が－12の地点でしたけど，もっと中央寄りに落ちた場合でも，うまく推定できるんでしょうか？たとえば，**－4の地点**に落ちたときとか。

落とし口が0点だと仮定すると，ボールが「－4」地点に落ちる場合の確率は**約40％以下**となります。つまり，**けっこうよくあること**なんです。落とし口が0地点にある可能性も十分あるので，「－4地点にボールが落ちたことからは，落とし口が0点かどうかは推定できない」と結論づけることになります。

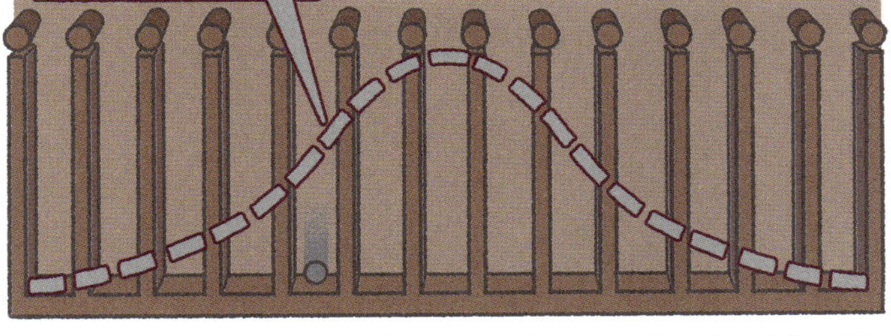

さっきは－12だったから，0点の真上から落としたのではない，と推定できたんですね。

そういうことです。
ここで，先ほどの新薬の効果と偽薬の効果を比較した場合を振り返ってみましょう。これは次の例に似ています。「2個のボールをピンボールに入れるとします。落ちてきた二つのボールの位置だけで，二つのボールの落とし口が同じかどうか，判定できるでしょうか？」

わからない……。
どのように考えればいいんでしょう。

新薬・偽薬＝二つの玉，落とし口＝薬の効果，と見立ててみましょう。もし，二つの玉が落ちた位置が近ければ（新薬と偽薬の効き方の差が小さければ），落とし口（薬の効果）が同じ可能性が高いことになるでしょう。

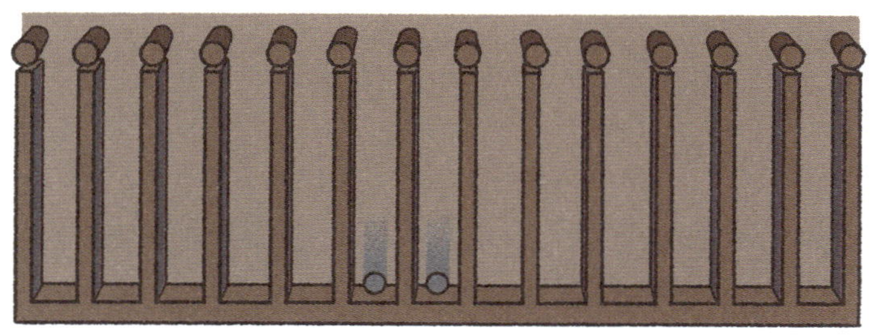

あっ！

一方，二つの玉が落ちた位置が遠くはなれていたら（新薬と偽薬の効き方に大きな差があれば），落とし口（薬の効果）が同じだとは考えにくいです。

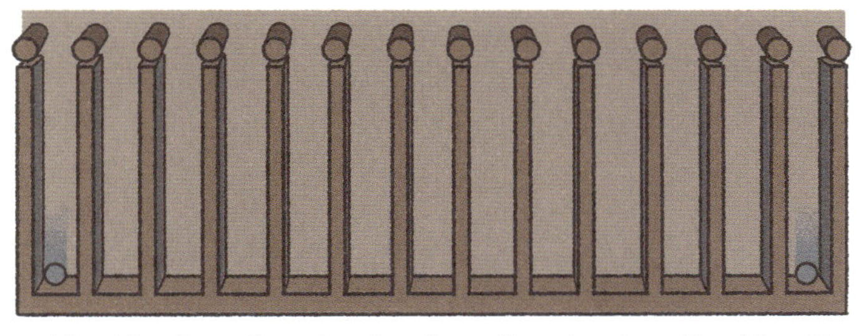

そういうことか。

新薬検定の場合とピンボールの例では，厳密にはさまざまなちがいがあります。しかし，次のような仮説検定を行う基本的なプロセスは変わりません。

● ポイント

①仮説に基づいて確率分布の位置を仮定する
→ 0 点の真上から玉を落としたという仮説を立てると，0 点を頂点にした確率分布をえがく

②試験結果がどこに位置するかを調べる
→－12 の地点に玉が落ちた結果は，確率分布では 5% 以下

③仮説を棄却できるかどうかを推定する
→確率が低いので，0 点の真上から玉を落とした，という仮説は棄却される

仮説検定のプロセス，**なんとなく理解できました！**

成分表示通りなのかを仮説検定で検証

それでは，仮説検定の基本的な考え方をおさえたところで，実際の計算の例を紹介しようと思います。ただし，ここで注意してもらいたいのは，**仮説検定のやり方は，問題設定によって全然ちがいます。**ですので，ここで紹介する計算のやり方を覚える必要はありません。

計算で求められるんだなぁーくらいの理解で大丈夫です！

は，はい！　お願いします。

ではいきますね。
次のような架空の調査結果があるとします。

「果汁 15%」と表示してある飲料がある。25 本をサンプルとして選び，果汁成分を測定すると，平均= 14.5%，標準偏差= 2.3% だった。

はい，この飲料は「成分表示通りだった」といえるでしょうか？

いやぁー，25 本が，0.5% も少ないんじゃ，詐欺でしょう！

はい，ここで仮説検定の考え方を思い出してください！　二つの集団の平均値に差があるからといって，それが「統計的に意味のある差」であるとは限りませんよ。次の二つの可能性が考えられるからです。

仮説①：飲料は成分表示通りにつくられていなかった
仮説②：飲料は成分表示通りにつくられたが，偶然，果汁成分が低い缶が多く選ばれ，成分表示よりも低かった

そっか！ 意味のある差なのか，それとも偶然の差なのかを見抜くために，仮説検定が必要なんでしたね！

その通り！ 成分表示と，測定した平均値との差は，14.5% − 15% = − 0.5% です。
この差が意味のある差，つまり有意な差なのかを判定してみましょう。そのときに重要になるのが，次の式で計算できる t という値です。
この式に出てくる s は，調査したサンプルの**標準偏差**です。

● ポイント

$$t = \frac{差}{\frac{s}{\sqrt{n-1}}}$$

t !? 何ですかそれ？

今回の調査のサンプル・サイズが25であることを踏まえると，tの確率分布は次のようなグラフになることがわかっています。飲料が成分表示通りだった（仮説②が正しい）場合，tの値は95%の確率で$-2.06 \leqq t \leqq 2.06$の範囲に入るはずなのです。tの値がこの範囲から外れたときに，統計的に有意な差があったと判定できます。
この判定ルールを**t検定**といいます。そして，次のグラフのようなtの確率分布のことを**t分布**といいます。

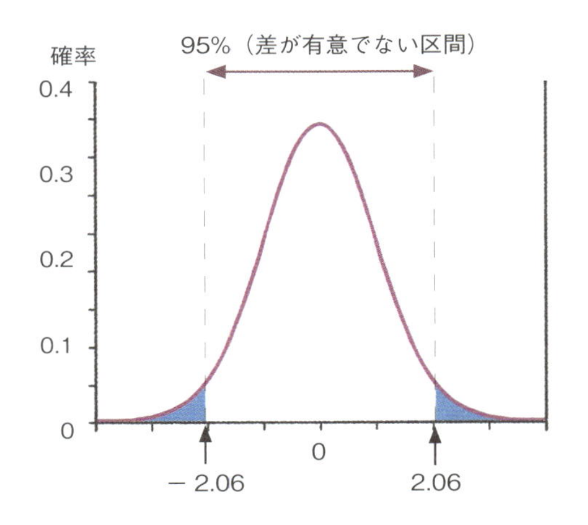

今回の調査のtの値を求めると，何になるんでしょうか？

tの値を実際に計算してみましょう。

$$t = \frac{-0.5}{\frac{2.3}{\sqrt{24}}} \fallingdotseq -1.06$$

というわけで，tの値は－1.06で，－2.06≦t≦2.06の中に入っていますね。つまり，**－0.5%という差は偶然生じた可能性があり，有意なものではないと判定できるんです。**

ぐぬぬぬ。むずかしい。
じゃあたとえば，調査の結果**果汁成分が13.5%だった場合**はどうなるんでしょうか？

成分表示との差は－1.5%なので，これを先ほどの式に代入してみましょう。

● **ポイント**

$$t = \frac{-1.5}{\frac{2.3}{\sqrt{24}}} \fallingdotseq -3.19$$

tの値は－3.19で，－2.06≦t≦2.06の範囲に入っていませんね。

そのため，差は有意であり，飲料は「実際に表示から外れている」と判断できるでしょう。

なるほどー。

ここまで紹介してきた仮説検定の方法は，「t検定」とよばれるものです。
t検定に出てきたt分布は，ギネスビール社の技師だったウィリアム・ゴセット（1876～1937）が，ビールの原材料と品質の関係などを調べる中でみちびきだしました。

こんなむずかしいものを考え出すなんて。
すごいなぁ。

データの数が少ない場合，正規分布では平均値に関する確率の計算をする際に誤差が大きくなってしまいます。
このような小集団でも使える方法こそが，t検定なのです。t検定は，実社会における問題解決が原動力となって統計学が発展したことを示す好例といえるでしょう。

t検定は，実社会での必要に駆られて生まれたんですね。

さて，統計の最後の難関，仮説検定の雰囲気を味わってもらったところで，この本は終了です。

さまざまなデータ収集に始まり，それらをあらゆる手法で検証すると，実社会の“真実”が見えてくる……。**統計って，面白いですね。**あらゆる物事を正しく判断するために，欠かすことができない道具なんだということが，よくわかりました。

この本で，統計的な感覚がかなりつかめたと思います。これから，新聞やニュースの見方も少し変わるんじゃないでしょうか？　ではこれで，統計の授業はおしまいです。お疲れさまでした！

先生，どうもありがとうございました！